垃圾分类
与垃圾治理研究

方建移 著

浙江工商大学出版社
ZHEJIANG GONGSHANG UNIVERSITY PRESS

图书在版编目(CIP)数据

垃圾分类与垃圾治理研究 / 方建移著. —杭州 :浙江工商大学出版社,2018.1(2019.9重印)

ISBN 978-7-5178-2388-9

Ⅰ.①垃… Ⅱ.①方… Ⅲ.①垃圾处理－研究 Ⅳ.①X705

中国版本图书馆CIP数据核字(2017)第251950号

垃圾分类与垃圾治理研究

方建移 著

责任编辑	厉　勇　周敏燕	
封面设计	侯雅晴	
出版发行	浙江工商大学出版社	

（杭州市教工路198号　邮政编码310012）

（E-mail : zjgsupress@163.com）

（网址 : http://www.zjgsupress.com）

电话：0571-88904980 , 88831806（传真）

排　　版	杭州朝曦图文设计有限公司	
印　　刷	虎彩印艺股份有限公司	
开　　本	710mm×1000mm　1/16	
印　　张	9.5	
字　　数	131千	
版 印 次	2018年1月第1版　2019年9月第2次印刷	
书　　号	ISBN 978-7-5178-2388-9	
定　　价	30.00元	

浙江省高校重大人文社科项目攻关计划规划重点项目研究成果

项目名称:环境污染群体性事件中的公众风险感知与社会沟通机制研究

项目编号:2014GH010

自序

　　垃圾分类与垃圾治理是一场和时间的赛跑,用时越少对环境造成的污染就越少,从而对环境安全和人类文明的贡献就越大。从某种意义上说,垃圾分类与治理是体现一个国家文明和发展水平的标志之一。

　　垃圾无害化处理是一个系统工程。垃圾分类不仅可以大幅度减少对环境带来的污染,节约垃圾无害化处理费用,而且使宝贵的自然资源得到再次利用。自2000年原建设部公布首批生活垃圾分类收集试点城市名单以来,一晃将近20年过去了。尽管各城市一直在探索垃圾治理新模式,但不可否认的是,收效却并不明显。以城市人均垃圾年产量440千克计,全国600座城市产生80亿吨垃圾。这么多的垃圾如何进行无害化处理? 垃圾无害化处理的第一步就是分类。垃圾分类看似是个人的"私事",实则是牵一发而动全身的"公事";垃圾治理看似是小事,实则是关系子孙后代的大事。垃圾分类与垃圾治理,是个循序渐进的漫长过程,是个长期而系统的工程,需要靠几代人的教育、习惯的培养以及不懈的努力才能完成,但现在不抓紧时间做或做得不好,城市堆积如山的垃圾状况就永远改善不了。

　　垃圾分类与垃圾治理涉及千家万户,关乎公共利益,属于典型的公共决策范畴。

　　所谓公共决策,是指国家行政机关、社会公共事务管理机构作为管理主体,在公共事务管理中的目标设计、方案抉择活动。如何实现公共决策的科学化、民主化

是当今社会政府面临的重要课题,而公民参与公共决策正是实现决策科学化、民主化的重要途径。公共决策过程有没有公民的参与,是否符合社会公众的利益需求,是否契合民情民意,决定着公共决策的合法性、合理性与实施中的可操作性。无论是国内多个城市近二十年来垃圾分类的停滞不前,还是垃圾焚烧项目屡屡"沉默立项开始,聚众反对叫停",都有力地证明,只有重视民意研究,及时把握公众的立场和态度,并在此基础上进行有效的社会沟通和舆论引导,才能提升公共决策的科学性,降低政策执行的成本,促进社会的稳定和谐。

经济市场化、政治现代化、利益多元化、信息网络化的发展,使主体意识日渐觉醒的民众开始积极寻求参与公共决策的途径和权利。民众不再愿意像过去那样被动地认可和接受政府的政策安排,不再满足于仅仅通过少数代表行使表决权,不再甘于作为动员参与的工具和被动的执行者、服从者,而是越来越强烈地要求介入公共决策过程。因此,通过政治动员、群众运动的方式获取民意,已经难以适应时代发展的需要。以民众表达为基础、公民参与为具体方式的新的公共决策模式,在政府政策议程中的作用正日益为社会所接受。垃圾分类工作中很多人理所当然地认为这只是政府要做的事情,垃圾处理项目建设中所在地居民对项目风险感知的非理性放大都表明,公众参与对于确保公共决策的公共性、科学性、可操作性以及提升政府形象、培育公民社会均具有积极的意义。

近年来,本人一直致力于受众心理和民意调查等领域的教学与研究,并将研究成果服务于公共决策。2010年,本人针对杭州市新推出的生活垃圾分类收集实施方案撰写了《行动离态度有多远——杭州市"垃圾分类"舆情监测报告》,对垃圾分类实施的现状、市民的态度和行为、政策传播的成效与不足进行了深入的分析,并提出了"跟踪舆情,剖析民意,开展有针对性的宣传""趁热打铁,巩固现有成效,促成市民良好习惯的形成""加强监督,适度曝光垃圾分类政策实施过程中的正反榜样""进一步加强'限塑令'的执行力度"等建议。2012年,本人申请的"公共决策与舆情研究实践基地"获得了浙江省提升地方高校办学水平专项资金的资助,这为民意研究服务于公共决策提供了良好的物质基础。2014年中标的杭州市决策咨询委招标课题《重大政策、重大项目决策的社会沟通协商和舆情应对机制研究》进一步坚定了我们将民意研究服务于公共决策的决心。

当前，我国大部分居民对垃圾分类知识的了解还比较浅显甚至片面，能够自觉主动进行垃圾分类的人少之又少。相应的法律法规也不够健全，部分城市尽管出台了垃圾分类的相关条例，但由于配套政策不完善，监管不严，大多形同虚设。大部分城市的垃圾处理只是停留于"清运"，谈不上真正的无害化处理，更谈不上全面的回收利用。针对居民所征收的垃圾处理费普遍过低，"谁污染谁付费"的机制和理念尚未确立。资源回收企业技术水平低，规模化程度小，盈利能力差，市场培育不完善……以上种种，致使各地的垃圾分类十几年来"试而不行"，垃圾治理冲突不断。

2016年，本人主持的浙江省高校重大人文社科项目攻关计划规划重点项目"环境污染群体性事件中的公众风险感知与社会沟通机制研究"获得立项。本书即为该项目的研究成果。在课题实施过程中，我们运用深度访谈、实地观察、问卷调查等方式，对不同类型的城市小区、不同年龄和不同文化程度的住户，以及小区保安、清洁工、物业公司负责人、社区工作人员等进行了深入的调查。与此同时，我们还对城郊接合部、农村的垃圾分类与垃圾治理情况进行了实地考察。

垃圾焚烧到底会不会对公众的健康产生负面影响？怎样才能将垃圾焚烧的污染排放控制在安全范围？现有的垃圾分类存在什么问题以及它与垃圾焚烧有哪些关联？针对这些问题，课题组成员对2014年5月10日发生在杭州余杭和2016年4月21日发生于浙江海盐的两起因垃圾焚烧项目引发的群体性事件进行了田野调查。基于上述调查结果，我们分析了当前垃圾分类与垃圾治理政策实施过程中存在的问题，并借鉴国内外多年来的成功经验，提出进一步推进垃圾分类与垃圾治理的具体建议。

希望本研究有助于打破垃圾分类"试而不行"的魔咒，促进垃圾分类与垃圾治

理工作的有序推进。

如果我们居住的城市干干净净、看不到一丝垃圾,如果我们郊游的农村溪流清澈、空气清新,那是多么美好的事情!

人们每天都会制造大量的生活垃圾,如何处理这些垃圾直接关系着我们的环境是否宜居,还关系着我们的子孙后代是否仍有宜居的地球。从破解垃圾围城问题和促进资源再利用的角度看,垃圾分类与垃圾治理势在必行;从日本、德国等国以及我国台湾地区的实践看,垃圾分类与垃圾治理不但必要而且可行。

垃圾分类是垃圾处理的第一步。如何认识垃圾分类的意义?垃圾分类仅仅在于环境保护吗?现有的垃圾分类标准是否合理?我们可以照搬境外的做法吗?为什么国内许多城市已经推行十几年的垃圾分类收效甚微?为什么垃圾焚烧项目屡屡遭到公众的强烈反对?怎样从根本上推进垃圾分类与垃圾治理?本书将通过实证调查和理性分析对上述问题做出回答。

方建移

2017年7月于杭州

目录

垃圾分类与垃圾治理的
重大意义

第一章

任何问题的解决都必须基于对解决该问题意义的充分认识。

垃圾分类与垃圾治理的意义不仅仅在于解决眼前垃圾围城的困境,也不仅仅在于环境保护本身,其意义还包括倡导并形成健康的生活方式,提升人民群众的生活质量和主观幸福感,促进政府的执政能力和公信力建设,提高国民素质和公德意识,以及改善中国国际形象,以实现党的十八大所提出的"努力建设美丽中国,实现中华民族永续发展"的奋斗目标。

一、解决垃圾围城的问题

解决垃圾围城的问题是垃圾分类与垃圾治理最基本也是最迫切的任务。我们在对垃圾焚烧项目所在地干部的访谈中经常可以听到这样一句话:现有的垃圾处理能力已经饱和,这种倒逼压力迫使政府想方设法尽快解决。

关于国内生活垃圾的总量,目前尚无准确的统计数字。据2010年中国城市环境卫生协会统计,我国每年产生近10亿吨垃圾,其中生活垃圾产生量约4亿吨。[①]这里列举几个城市的数据以资补充:广州每天需要处理生活垃圾约2.26万吨[②],上海生活垃圾每天总量在2万吨左右。[③]2013年杭州市区生活垃圾产生总量308余万吨,仅此一年的垃圾量,就能填满五分之一个西湖,而且生活垃圾仍以每年10%

[①]《中国每年10亿吨垃圾围城敲警钟 存量已超80亿吨》,央视新闻,2014年12月29日,http://finance.ifeng.com/a/20141229/13391342_0.shtml。

[②]李辰曦:《广州2年后垃圾无地填埋 或遭遇"垃圾围城"》,金羊网,2015年7月1日,http://news.sina.com.cn/c/2015-07-01/055232049672.shtml。

[③]唐一泓、陈程:《上海生活垃圾每天总量2万吨 每年减量5%》,东方网,2015年4月11日,http://www.sh.xinhuanet.com/2015-04/11/c_134142379.htm。

的速度在增长。①

　　居民小区特别是城郊接合部的居民小区及其周边道路,各类生活垃圾随处可见,比如一次性饮料盒、塑料袋、香烟盒、烟蒂、瓜皮果壳、宠物粪便等。图1-1是笔者在杭州下沙某居民小区外所拍的照片,图1-2是网友发布在绍兴E网论坛的图片。

图1-1　杭州下沙某小区旁散落的生活垃圾

(图片来源:作者拍摄于2016年8月6日上午8点)

---

① 马悦:《杭州主城区生活垃圾量以每年10%速度增多》,浙江在线,2014年5月6日,http://zjnews.zjol.com.cn/system/2014/05/06/020008059.shtml。

图1-2 破旧肮脏的垃圾桶

（图片来源：绍兴E网论坛，http://www.e0575.cn/read.php?tid=5368993）

在公园、景区，特别是一到节假日，垃圾堆积如山的情况已不再具有新闻价值①。央视和各地媒体都曾多次报道此类"景观"。2012年中秋过后，在海南三亚的大东海景区，2.8公里长的沙滩上散落着超过50吨的啤酒瓶、烟头、食品包装纸、报纸等各种垃圾；2012年国庆一日，天安门地区扫出近8吨垃圾，都是游客随手乱丢在广场上的矿泉水瓶、食物包装袋或烟蒂等，垃圾比上年同期增加25%；②2014年10月13日，央视曝光了云南迪庆州以风光秀丽而闻名的梅里雪山被垃圾"侵占"，雨崩景区垃圾遍地，但景区管理局由于资金紧缺、运力不足等问题，一直无法从根本上解决垃圾问题。③高速公路拥堵时，乘客和司机随手扔的垃圾也是满天飞。

---

① 新闻媒体一般以新鲜性、重要性、接近性、显著性和趣味性等要素衡量事件的新闻价值。新闻首先要"新"，屡见屡闻的垃圾堆积如山对受众而言不再新鲜，因而其新闻价值也就大为下降。

② 白靖利、黄冠：《让景区不再受垃圾困扰》，新华网，2012年10月3日，http://news.xinhuanet.com/local/2012-10/02/c_113271918.htm。

③《央视曝光梅里雪山垃圾上百吨》，凤凰资讯，2014年10月15日，http://news.ifeng.com/a/20141015/42206604_0.shtml。

图 1-3　游客走后，长沙烈士公园垃圾成堆

（图片来源：百度贴吧，http://image.baidu.com/search/detail?ct=503316480&z=0&ipn=d&word）

图 1-4　周末过后，"野炊垃圾"围困梅田水库

（图片来源：浏阳网，2015 年 10 月 12 日，http://www.lyrb.com.cn/html/news/lynews/shms/2015/1012/47889.html）

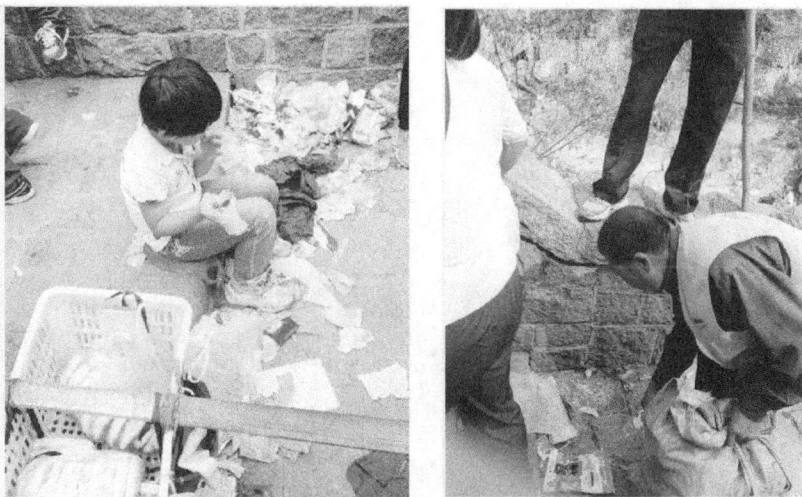

图 1-5　景区何时摆脱"垃圾包围"

（图片来源:《中国旅游报》数字报,2012 年 10 月 22 日）

图 1-6　80 后摄影师薛斌耗时数月徒步川藏 318 国道,对藏区的垃圾污染情况进行实地勘测。图为西藏 318 国道林芝地区段,成片的垃圾引来许多大牲口在垃圾堆内找食物。

（图片来源:凤凰网,"在世界屋脊与垃圾合影是怎样一种体验?".2017 年 4 月 25 日,
http://finance.ifeng.com/a/20170425/15320613_0.shtml#p=2）

图 1-7　腰系绳索的保洁员飘荡在高海拔的悬崖峭壁边,宛如"蜘蛛侠"
（蔡迅翔摄于洛阳市老君山景区。图片来源:中国新闻网,2015 年 4 月 17 日）

由于人们乱扔垃圾,特别是部分素质较差的人喜欢从行驶的车中将垃圾抛到马路上,致使清洁工不得不冒着生命危险穿梭在车流中捡垃圾,由此被撞致死致伤的新闻屡见报端。[①]对此,我们除了从道德角度进行谴责外,还应考虑从制度层面、从人的垃圾处理习惯层面进行思考并解决。纯粹的道德谴责常常显得苍白无力。

此外,媒体所曝光的一些地方、一些单位偷倒垃圾的行为,也从另一个侧面证明垃圾围城问题的严峻性。2016 年 7 月,有媒体报道北京市房山区河北镇将军坨景区有一处"垃圾山"存在多年,这座"垃圾山"的垃圾从山沟沿着山坡堆放,目测约有十几米高。[②]2016 年 7 月初,"中国之声"报道了上海嘉定区 2 万吨垃圾被偷运、

---

① 《杭州清洁工扫马路 12 年 遇多次车祸仍坚持》,钱江晚报,2014 年 5 月 2 日,http://news.qq.com/a/20140502/002766.htm。

② 李亚红、关桂峰:《景区边堆起"垃圾山""垃圾围村"出路何在?》,新华网,2016 年 7 月 27 日,http://news.xinhuanet.com/fortune/2016-07/27/c_1119292109.htm。

倾倒在苏州太湖的新闻;7月中旬,又有江苏南通海门市的群众反映,在当地的江心沙农场,发现了数千吨生活垃圾,散发着刺鼻的臭味,甚至还有化工垃圾赫然在目。据转运垃圾的船主称,这些垃圾也来自上海。[①]

图1-8　工作人员在清运河北镇檀木港村北垃圾场的垃圾

(图片来源:景区边堆起"垃圾山""垃圾围村"出路何在? 新华网,2016 年 7 月 27 日,http://news.xinhuanet.com/fortune/2016-07/27/c_1119292109.htm)

目前,垃圾处理面临以下两大难题。

问题一:填埋无地,焚烧建厂难。随着城市人口的增长、物质生活条件的日益改善以及生活方式的变化(如一次性用品的广泛使用),生活垃圾增长迅速,对于各地政府特别是大城市而言,无法及时有效地进行垃圾处理已经成为一个棘手的大问题。当前,很多地方的垃圾处理主要采取卫生填埋和焚烧两种方式,但填埋已无场地,建焚烧厂又频频遭到周边居民抗议。以杭州市为例,目前城市生活垃圾处理仍以填埋为主,据该市城管委统计数据,近10年来,杭州市区生活垃圾年均增长率为9.01%,但生活垃圾末端处理设施几乎零增长。天子岭作为杭州唯——座垃圾填埋场,承担着杭州主城区约98%的垃圾末端处置任务。[②] 2007年,天子岭垃圾填

①肖源、郭翔宇、施莉莉:《上海垃圾偷倒在江苏南通 方圆七八百米散发刺鼻臭味》,央视网新闻,2016年7月17日,http://news.cctv.com/2016/07/17/ARTIhVhpytlOG0faJExGxJZ4160717.shtml?t=1468724753461。
②黄珍珍:《填埋空间日益减少 4年后杭州市区垃圾往哪倒?》,《浙江日报》,2016年7月4日,http://huanbao.bjx.com.cn/news/20160704/747844-2.shtml。

埋场二期工程启用,原设计日处理垃圾2671吨,可以使用24.5年。但按照现在每日6000吨的填埋量计算,填埋场使用寿命仅剩下4年。更令人担忧且不得不面对的现实是,杭州市今后已难觅新址建设规模如此大的填埋场了。

为解决垃圾围城困境,各地政府都在考虑兴建垃圾焚烧厂,但由于种种原因,垃圾焚烧厂的建设常常一波三折,极为不顺。2014年杭州余杭、2016年嘉兴海盐都曾因建设垃圾焚烧项目引发群众大规模抗议。关于这一问题,我们将在本书的第四章集中进行讨论。

问题二:环卫工人队伍后继无人。除了垃圾处理能力不足,环卫工人队伍的老龄化也是一个不容忽视的问题。我国城市环卫工人队伍庞大,但由于市民随地乱丢垃圾的习惯没有得到有效的遏制,环卫工人的工作非常辛苦。垃圾分类做的比较好的国家和地区,环卫工人的数量远远没有我们多,在街上较少见到清洁工。而我国街上随时随处可见环卫工人,而且他们的工作量远远超过国外的同行。由于环卫工年龄偏大,进行户外作业的风险也随之加大,如意外伤亡、中暑、车祸等等。一些用人单位表示不再招收老龄环卫工,但实际情况是,由于环卫工工作强度大、待遇低,年轻人不愿干,导致工人老龄化现象更为突出。来自郑州市城管局的数据显示,该市共有环卫工25800多人。这些环卫工大部分来自农村,女性基本在50岁以上,男性在60岁左右。与繁重又危险的工作不相匹配的是,郑州环卫工的工资水平却长期在最低工资线上"徘徊"。郑州市一些街道办的负责人向记者反映说,现在辖区的环卫工基本上从原来"4050"人员转向了"5060"群体。[①]

尽管近年来机械化清扫率不断提高,但有很多地方,如小区卫生、楼道卫生等,很难由机器取代。随着这一代环卫工人的老去,环卫工人队伍难以为继的状况将更加严峻。

[①]《环卫工人"老龄化"困局怎么解》,中国城乡环卫网,2016年8月1日,http://bbs.cncxhw.com/intecontent.´aspx?id=170804620。

二、建设资源节约型社会

我们常常说,垃圾是放错了地方的资源。确实,如果分类处置得当,很多垃圾都可以变废为宝,循环利用,特别是垃圾中那些具有高回收价值的成分。比如,1吨废塑料可回炼600千克无铅汽油和柴油;回收1500吨废纸,可使用于生产1200吨纸的林木免于砍伐,相当于节约木材6000立方米或少砍伐树木30000棵,节省4500立方米的垃圾填埋场空间,减少35%的水污染;1吨易拉罐熔化后能结成一吨很好的铝块,可少采20吨铝矿;1吨废钢铁,可提炼钢900千克,相当于节约矿石3吨……

在日本,由于资源严重缺乏,废弃物利用工作近乎完美。再生纸、二次矿泉水瓶等都可以在超市买到。中国尽管资源种类相对齐全、总量丰富,但很多资源的人均占有量均低于国际平均水平,因此建设资源节约型社会一直是各级政府大力倡导的生活方式,也是促进经济可持续发展、保障经济安全和国家安全的重要举措。

根据广州市市容环境卫生局编写的《城市生活垃圾分类及其评价标准》,可回收物是指适宜回收循环使用和资源利用的废弃物。主要包括①纸类:未严重污损的文字用纸、包装用纸和其他纸制品等。如报纸、各种包装纸、办公用纸、广告纸片、纸盒等;②塑料:废容器塑料、包装塑料等塑料制品。比如各种塑料袋、塑料瓶、泡沫塑料、一次性塑料餐盒餐具、硬塑料等;③金属:各种类别的废金属物品。如易拉罐、铁皮罐头盒、铅皮牙膏皮、废电池等;④玻璃:有色和无色废玻璃制品;⑤织物:旧纺织衣物和纺织制品。①

此外,一个人的垃圾可能是另一个人的"宝贝"。很多废弃和陈旧的物品,仍具有一定的使用价值,如废旧家电、家具、玩具、书籍等,这些二手物品具有一定的经济价值,能够变废为宝。将完好的还能使用的废旧物资交换到有需要的人手中,不

---

①广州市市容环境卫生局:《城市生活垃圾分类及其评价标准》,中国建筑工业出版社2004年版。

但可以延长废旧物资的使用寿命,而且有助于减少资源的浪费。

即便是不可回收的垃圾,如处理得当,也具有相当可观的经济价值,如菜叶、果皮、剩菜剩饭、花草、树枝树叶等。运用科技手段,这些有机垃圾可被制作成有机肥料,或者作为沼气发电的原材料等。

从环境价值的角度看,通过垃圾分类,可减少耕地资源的占用。每年急剧增加的城市垃圾给垃圾填埋场带来较大的压力,许多城市的垃圾填埋场处于饱和状态,需要开发新的场地,而且生活垃圾中有些物质不易降解,易使土地受到严重侵蚀,对土地尤其是珍贵的耕地资源造成长久性的浪费。通过垃圾分类,去掉能回收的、不易降解的物质,一般可减少50%以上的垃圾数量,在很大程度上减少对土地资源的占用。

垃圾分类还有助于对废旧电子、电池等有害物品进行特殊处理,或者将其直接送到垃圾掩埋场掩埋做无害化处理。垃圾中许多物质成分对环境有着极其深重的危害,如废弃的电池含有金属汞、镉等有毒物质,会对人类产生严重的伤害;土壤中的废塑料会导致农作物减产;抛弃的废塑料被动物误食,可导致动物死亡……进行垃圾的回收再利用可以减少这些危害。

变废为宝、循环利用的另一个好处是减少了政府的公共开支。地方政府为处理城市垃圾每年都要花费巨大的开支,并且这些花费将日益增多。通过专门的垃圾回收再利用公司来处理这些垃圾,不仅能够减少政府在垃圾处理方面的支出,而且还能通过垃圾中部分资源的再利用获得一定的收入。

总之,通过垃圾分类回收,一方面,可以大大减少林木、水、电消耗和污染物排放;另一方面,通过合理利用垃圾,也可以减少垃圾分解对大气的污染,实现环境保护的目的。当然,所有这一切的前提都是居民对垃圾分类的充分理解和自觉坚守。

三、提升地域品牌

我们常常会跟朋友闲聊,说去过的哪个城市不错,哪个地方不怎么样。判断一个城市、一个地方好不好有很多标准,但对一个人的直观感觉来说,毫无疑问,环境是否干净整洁是一个最直接的指标。

北京大学国际关系学院国际组织研究中心主任张海滨曾向《国际先驱导报》直言："如今,能阻碍中国崛起的问题之一或许就是环境问题。"①环境问题特别是生活垃圾和污水,一直是为舆论所诟病的问题。而且,环境问题已成为影响社会稳定的重要因素。前环境保护部部长周生贤曾说过,"在中国信访总量、集体上访量、非正常上访量、群体性事件发生量实现下降的情况下,环境信访和环境问题引发的群体事件却以每年30%以上的速度上升"。②近几年来围绕化工厂、毒土地、垃圾焚烧等问题引发的群体性事件屡屡发生,就是明证。显然,环境问题处理不当,容易成为引发冲突的导火索。

环境问题解决得好,有助于提升地域品牌。无论城市还是农村,无论是生活在此的居民还是短暂停留的游客,干干净净的环境总让人心情舒畅、流连忘返。

2013年9月7日,习近平总书记在哈萨克斯坦纳扎尔巴耶夫大学发表演讲并回答学生们提出的问题,在谈到环境保护问题时他指出:"我们既要绿水青山,也要金山银山。宁要绿水青山,不要金山银山,而且绿水青山就是金山银山。"这席话生动形象地表达了我们党和政府大力推进生态文明建设的鲜明态度和坚定决心。浙江省杭州市下辖的桐庐县将环境整治与美丽乡村建设、农民增收致富相结合,取得了良好的经济效益和社会效益。2008年起,该县开始实施"清洁桐庐"一号工程,主要以生活垃圾处置工作为重点,以"清洁桐庐"三年行动为载体,清除陈年生活垃圾1.5万吨,建立健全生活垃圾长效保洁机制,改善乡村人居环境。"户分类投放、村收集清扫、镇集中运输、县综合处理",是桐庐县乡村生活垃圾无害化处置及长效保洁行之有效的体系和机制。提升村民生活垃圾自觉分类意识是做好生活垃圾资源化、减量化、无害化处理的基础。桐庐县积极开展生活垃圾"户分类投放"宣传教育活动,让村民明白垃圾为什么分、怎么分、去哪里等问题,先后通过编制垃圾分类指导手册,印发宣传单,开展"小手拉大手""村干部、妇女、党员进农户"、垃圾金点子征集、垃圾宣传月等活动,有效提升了乡村生活垃圾分类的知晓率、收集率和正确投放率。③

---

① 沈菲:《环境问题影响国家形象 中国崛起需跨"环保门"》,新华网,2009年8月28日,http://news.qq.com/a/20090828/001327.htm。

② 同上。

③ 六安市人大工作研究会:《关于浙江省桐庐县乡村垃圾污水处理及环境整治工作的调研报告》,2015年4月,http://www.lasrd.gov.cn/include/content.php?id=14728。

桐庐农村环境面貌的改善，潜移默化地改变了农村居民的传统生活习惯，并为下一轮农村经济发展提供了强有力的环境支撑，对改善乡村旅游环境、打造品质农家乐及建设五大风情带、五大乡村风情节和25个风情特色村等"美丽乡村"工程起到了积极的推动作用。过去圈养牛、猪的牛栏、猪栏变成了干净时尚的咖啡厅、茶吧（如图1-9），过去的垃圾堆放场变成了整洁漂亮的休闲公园，过去的老房子变成了家庭宾馆、农家乐和特产"淘宝"商店……美丽经济呼之欲出，生态红利成为村民增收的主要增长点。村民在"美丽"中致富，也不忘更好地维护、建设、创造"美丽"，处处呈现出一派互动发展的生动场景。干净、整洁、美丽已成为桐庐展示形象和提升地域品牌的"名片"。

图1-9 桐庐县江南镇荻浦村的牛栏咖啡

（图片来源：桐庐县在乡村打造"牛栏咖啡""猪栏茶吧"的启示．浙江在线丽水频道，2014年8月11日，http://lstk.zjol.com.cn/06lstk/system/2014/08/11/018300769.shtml.）

目前,像桐庐县那样将生态文明建设作为增加居民福祉的重要抓手、实现社会效益与经济效益双丰收的地区越来越多。全国爱卫会2017年6月将773个县城(乡镇)命名为2014—2016周期国家卫生县城(乡镇),其中浙江省有53个县城(乡镇)榜上有名。①

图1-10 干净整洁的国家卫生镇——淳安县姜家镇

(图片来源:淳安县风情姜家将正式获"国家卫生镇"称号.浙江在线,2016年5月13日,http://zjnews.zjol.com.cn/system/2016/05/13/021148117.shtml.)

四、改善中国的国际形象

环境污染问题已成为影响中国国际形象的主要因素之一。日本、韩国等国的媒体经常拿"中国的环境污染"说事,极力把中国塑造成一个"肮脏的邻居"。西方媒体关于中国的负面报道,环境问题占有相当比例,并呈现逐年上升趋势。郭小平(2010)通过对《纽约时报》涉华"气候变化"报道(2000—2009)的客观分析表明,《纽约时报》在气候变化的报道中越来越关注中国议题,涉华气候报道从2005年开始急剧增长。从报道态度看,《纽约时报》对中国的正面报道仅占4.6%,而负面报道

---

① 参见《全国爱卫会关于命名2014—2016周期国家卫生县城(乡镇)的决定》(全爱卫发〔2017〕4号),2017年6月23日。

却高达57.8%。而且,自2008年以来,负面报道的比例有上升的趋势。姚荣华(2014)借助Google News报纸检索功能,以Smog、Haze、PM2.5为关键词,以《纽约时报》《华盛顿邮报》《华尔街日报》《洛杉矶时报》为研究对象,选取时间段为2007年8月至2013年11月,获得对中国雾霾报道的有效样本共178份。通过对这些样本的分析,发现美国媒体对中国雾霾的报道数量在整体上呈现上升趋势。从报道基调看,正面报道21篇(11.80%),负面报道77篇(43.26%),中立报道80篇(44.94%)。由此可见,西方国家流传的中国"环境威胁论"不但对中国努力在国际社会树立走和平发展道路的形象产生巨大冲击和挑战,而且成为国际社会同中国讨价还价界定"责任"的重要领域。

环境保护已成为评价一国国家形象的重要标志,在一定程度上能够影响国际舆论和公众意识。当前,中国的经济发展和全球环境变化息息相关。国际社会对中国的环境问题给予了无限的"期待"和"关注",成为影响、塑造我国国家形象的一个重要领域。因此,无论是对内提高城市乡村的宜居性,还是对外构建"负责任"的大国形象,环境治理都是当务之急,而生活垃圾分类和垃圾治理可以成为环境建设行之有效的抓手。每个城镇、各个乡村,都可借助垃圾问题的完美解决,赢得居民和游客的好感,为自己的地域品牌加分点赞。

从某种意义上来说,"垃圾处理"已经成为东邻日本的骄傲,每年都有来自世界各地的政府官员前往日本垃圾处理场考察取经。与此类似,杭州城区的"斑马线让行"已成为杭州的骄傲,极大地提升了杭州在国内外游客中的品牌形象以及广大市民的荣誉感和归属感。不难想象,如果展现在广大市民和四方游客面前的是远离垃圾困扰的美丽城乡,那对中国的软实力提升将起到多大的加分效果!

五、倡导并形成健康的生活方式

从某种意义上说,垃圾治理最重要的内容就是从源头的减量。

"双十一""双十二"的购物狂欢刚过,很多人都可以明显感觉到小区楼下的垃圾桶天天被快递包装垃圾所填满。方便快捷的购物体验改变着人们的购物方式，大量网购的"厚重"的包装，产生了海量的快递垃圾。据国家邮政局发布的《2016年中国快递领域绿色包装发展现状及趋势报告》，按照平均每单快件使用1米长的胶带来计算，2015年全国快递业使用的胶带总长度为169.85亿米，可绕赤道425圈。报告还显示，2015年全国快递业消耗快递运单约207亿枚、编织袋约31亿个、塑料袋约82.68亿个、封套约31.05亿个、包装箱约99.22亿个、内部缓冲物约29.77亿个。[①]与快递包装耗材的迅速增长相左的是，我国快递包装的回收再利用率较低。据了解，目前快递纸箱回收率不到20%，透明胶带、空气囊、塑料袋等包装物大部分被送进垃圾场填埋，这些包装的主要原料为聚氯乙烯，需上百年才能降解，而焚烧则会产生大量污染物，如果使用的是不环保的劣质包装材料，会对环境造成更严重的破坏。

从消费者角度来说，"没有买卖，就没有伤害"，提高环保意识，提倡简约生活，倡导并形成健康的生活方式，既可节省资金，又可减少过度消费的烦恼。每年"双十一""双十二"后高居不下的退货率就昭示着大量的冲动消费。

城市"看海"与垃圾治理困境也息息相关。遭遇过暴雨水淹的城市居民都有切身体会：每当暴雨来临，城市街道很快"水漫金山"。

2016年的夏天，从南到北，由东至西，暴雨以它独有的方式给一座座现代化城市留下了深刻烙印。城市"看海"、街道成河、汽车没顶、交通堵塞、人员伤亡……内涝已成为我国许多城市遭遇强降雨后的"新常态"。据住房和城乡建设部2010年对351个城市进行的专项调研结果显示，2008—2010年间，全国62%的城市发生过城市内涝，内涝灾害超过3次以上的城市有137个。发生内涝的城市中，最大积水深度超过50厘米的占74.6%，积水深度超过15厘米（可淹没小轿车排气管）的多达90%，发生内涝城市中积水时间超过半小时的城市占到78.9%，其中57个城市的最大积水时间超过12小时。[②]

---

① 国家邮政局：《2016中国快递领域绿色包装发展现状及趋势报告》.2016年10月20日，http://www.spb. gov.cn/hd/wszb_1/2016zhygl/ydfy/201610/t20161020_884407.html。
② 谢庆裕：《城市内涝折射急功近利政绩观 专家：不能头痛医头脚痛医脚》，南方日报，2011年7月21日，http://news.xinhuanet.com/politics/2011-07/21/c_121698632_4.htm。

下水道是城市的地下"生命线",不仅关系城市的排水效率,更影响着广大百姓的生活。面对城市内涝频繁发生的现实,如何抓好排水系统这种看不见的工程,是对城市管理者的拷问与考验。对此,浙江省委省政府提出的"五水共治"不啻为系统治水的一剂良方。浙江因水而名、因水而兴、因水而美,但也因水而累。因此,2013年11月29日,中共浙江省委十三届四次全会正式提出"五水共治",将治污水、防洪水、排涝水、保供水、抓节水作为既扩投资又促转型、既优环境更惠民生的系统工程来抓,取得了良好的经济效益和社会效益。

每次暴雨过后,人们反思最多的是下水道,并常常把100多年前雨果的名言"下水道是城市的良心"挂在嘴边。诚然,"重地表、轻地下",城市排水系统建设滞后,是造成"肠梗阻"的主要原因,然而,城市"看海"不仅仅是下水道的问题。我们且看以下一些媒体报道:

合肥网2016年7月5日:强降雨期间让老城区部分路面出现了积水,积水清理完毕后,淤泥、砂石沉积在路面上,给庐阳区的环卫工人增加了工作量。同时,因为垃圾含水量大,暴雨期间垃圾量大增,由原来的800多吨/天增加到937吨/天。……为了确保全区生活垃圾日产日清,永青垃圾站已经采取了增加垃圾站开放时间,24小时对站内排水、设施安全等情况巡查等措施。①

中国新闻网2016年6月21日:6月18日晚到19日凌晨,重庆大部分地区遭遇暴雨。受暴雨影响,重庆长江水位开始上涨,江面涌现大量垃圾。

6月21日,记者在重庆巴南区鱼洞长江流域看到,长江两岸边绵延几公里遍布垃圾,江心处还有大量垃圾随着江水从上游向下游流动,一眼望去,仿若大型露天垃圾场。……暴雨期间,路面主要以树枝树叶、被暴雨冲到路面的白色垃圾居多,如果不及时清理,会影响排水。②

①王飞:《暴雨期间合肥垃圾量猛增 环卫工人雨停间隙清扫马路 防止垃圾冲入下水道堵塞管道》,合肥网,2016年7月5日,http://news.wehefei.com/system/2016/07/05/010758301.shtml。
②《暴雨致长江涌入大量垃圾 如大型露天垃圾场》,中国新闻网,2016年6月21日,http://www.chinanews.com/shipin/cns/2016/6-21/news653258.shtml/。

《新京报》(微博)2016年7月29日:昨日,门头沟清水涧沟下游,因7月20日大雨,顺河道从山坡上冲下的大量生活垃圾,堆满住户门口。……新京报记者在现场看到,这片垃圾长约20米,宽约10米,底部的黑色渣土堆积了半米高,旧衣物、食品、笤帚、垃圾袋等随处可见。③

图1-11 雨后垃圾场

(图片来源:新京报记者贺顿拍摄)

《葫芦岛晚报》2016年7月25日:暴雨过后,大量的垃圾顺着河水流入兴城海域,导致兴城海滨浴场出现罕见的"垃圾墙"。……兴城市环境卫生管理处副处长曹前进说,暴雨过后,兴城海滨浴场,包括第二浴场和第三浴场的沙滩上堆积了大量的垃圾。第一浴场的垃圾最为严重,长约1500米的沙滩上一片狼藉,沙滩上全是杂草、玉米秸秆、木头等生活垃圾,这些垃圾宽4到5米,厚度约半米,有的地方甚至能达到1米深。……直到24日,垃圾清理基本已经接近尾声,据目前统计,环卫工人清理了将近6000吨的垃圾。曹前进对记者说,这是近几年以来出现垃圾最多的一次,虽然现在清理工作已经到了一个收尾的阶段,但依然有很多垃圾都漂浮在

---

③《北京"7·20"暴雨冲刷河道 下游村庄成垃圾场》,《新京报》,2016年7月29日,http://news.qq.com/a/20160729/001971.htm。

海里,会随着海浪不断地被冲上沙滩,所以在未来的这几天,环卫工人依然要持续不断地清理。[1]

图1-12　福建省莆田市平海镇三星村一河道河面上漂浮的生活垃圾[2]

（图片来源:《莆田晚报》）

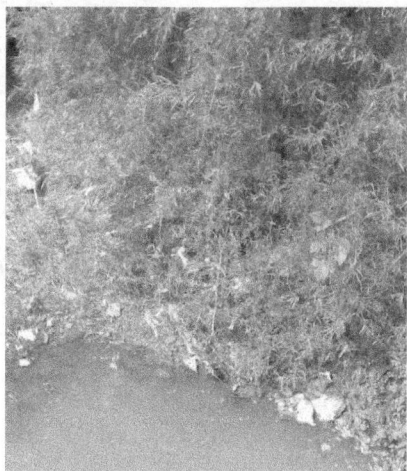

图1-13　网友拍摄的农村小河边的垃圾照片[3]

（图片来源:桂林人论坛）

---

① 《暴雨过后兴城沙滩现"垃圾墙"环卫工人4天清走6000余吨》,《葫芦岛晚报》,2016年7月25日,
http://difang.gmw.cn/newspaper/2016-07/25/content_114524752.html/。

② 周晓露:《昔日农村小河清清　如今处处漂浮垃圾》,《莆田晚报》,2014年3月25日,http://www.ptwbs.
net/rx/20140325/600003.shtml。

③ 参见"桂林人论坛",http://bbs.guilinlife.com/thread-7725317-1-1.html。

"村容整洁"是建设社会主义新农村的一项重要内容。来自农村的很多60后、70后、80后可能还记得,小时候暑假里有一半的时间交给村边的小河。小伙伴们"扑通"一声,一头扎进水里,在河的中央露出脑袋,再狠狠地吸一口气钻进水里,出来时已经到河的另一边了。但现在这一切只能成为美好的回忆,因为河的两岸充斥着垃圾,村里人什么东西都往河里倒,甚至包括病死的禽畜。这些被村民扔弃的垃圾,最后只有靠水冲走或被风刮走。

溪河污染现象是农村垃圾污染的一个缩影,也是长期以来农民群众反映强烈和困扰新农村建设、改善农民群众人居环境的热点及难点问题。调查发现,农村中的生活垃圾增长迅猛。三四十年前,乡村很少产生垃圾。那个时候没有塑料袋,也没有农膜,主要是动物和人的排泄物,而这会被勤快的农民及时收集用作肥料。如今,农村垃圾主要包括:①农田的地膜残留物;②各种农药、化肥的包装物(它们几乎都是塑料类制品);③各种食品的包装物(饮料瓶、矿泉水瓶、牛奶瓶、方便面袋、薯条袋……几乎都用塑料包装);④各种塑料袋(现在农民赶集买东西,根本没有带篮带筐的习惯了,到处都提供一次性塑料袋);⑤各种生活垃圾(包括旧衣服、烂鞋袜、废旧的塑料桶、墩布头与塑料把、烂菜叶与废纸片)……这些垃圾有些被村民随手倾倒在沟渠内,刮风下雨后再冲到下游去。图1-14即为杭州郊区某山村的图景。

图1-14 杭州郊区某山村小河一角
(图片来源:作者拍摄于2017年4月20日)

我们再来看城镇餐饮店和居民的垃圾处理方式。常常可以看到这样的新闻：工作人员在清理下水道时中毒昏迷，甚至付出了生命的代价。当然，媒体在报道中总是会提及操作工人未佩戴相关的防护工具或操作不当，但我们有没有想过，为什么我们的下水道这么"毒"？

经过街边的餐馆，总是可以看到慢车道上的下水道口脏污不堪，滤网上拇指宽的缝隙被菜叶剩饭糊住，污水淌出几米远。一些饭店将洗菜水、剩菜汤和刷锅水都往下水道里倒（如图1-15）。这些被油渍层层包裹的餐厨垃圾、泔水、杂物，长期浸泡在管道中，散发出一股股恶臭。因为油渍凝结，导致排水管道变窄，很容易造成内涝，而且这也大大增加了清淤工人作业的危险系数。

图1-15　一饭馆的工作人员正在往下水道里倒脏水

（图片来源：中安在线，垃圾倒进下水道堵了城市的"心"　别把下水道当成垃圾桶.2015年11月24日,http://news.ifeng.com/a/20151124/46366945_0.shtml.）

除了餐馆,一些市民也将下水道当成了"垃圾桶"。有的市民朝下水道里扔垃圾,眼不见为"净",但垃圾进入管道后,很容易造成管道堵塞,然后在暴雨过后被"还"给人们。此外,有时清洁工在清扫马路时,也习惯将一些铲不起来的零碎垃圾直接扫进下水道。调查中有工作人员告诉我们,他们在对下水管网进行清理时,常常发现管道中有许多特殊的垃圾,如建筑水泥块、餐厨油垢、床单棉衣、塑料袋等。这些垃圾很难分解,打捞也非常困难。这让下水管道很"受伤",也成为影响排水顺畅的重要因素。

可见,水污染、水围城的背后,是人们的不良行为。不良行为的背后是人们的不良生活方式。倡导并形成健康的生活方式,不但有助于缓解城市"看海"、农村"垃圾堵门"的状况,而且有助于提升人民群众的生活品质和幸福感。

去过台湾地区的大陆游客可能都会对台湾地区干净整洁的街道印象深刻,这得益于"垃圾不落地"政策的实施。"垃圾不落地"的具体措施是指马路上不设垃圾桶,垃圾车每天定时开到社区门口,居民听到垃圾车的音乐自行将分类后的垃圾倒入车内。如果在非规定的时间乱扔垃圾,会被处以罚款。

整治内涝不能头痛医头,脚痛医脚。浙江省委省政府将治水作为一项系统工程来抓,是纲举目张、科学有效的决策。如果在"五水共治"的同时,统筹兼顾生活垃圾分类与垃圾治理,定将取得更大更好更持久的成效。

人人都希望生活在没有垃圾围城、没有熏天臭气的环境中,然而生活品质的提高需要改变自己已有的不良行为习惯。通过垃圾分类的切实实施,还可以平复浮躁的社会经济文化生态,让铺张、奢靡、攀比、浪费的生活方式得到矫正。党的十八大以后所倡导的反铺张浪费、反奢靡之风,对于塑造正确的消费理念、回归生活的本质、提升全民幸福感具有重要的意义。

习近平总书记在党的十八届一中全会上指出:"……人民对美好生活的向往,就是我们的奋斗目标。"社会治理的根本目的是让人们获得幸福。生活垃圾治理是社会治理的一部分,通过垃圾分类与垃圾治理,营造干净整洁的居住环境,就是在

为人类谋福祉;倡导并形成健康的生活方式,必定有助于人们幸福感的提升。

六、提高国民素质和公德意识

以什么方式对待垃圾,就如同以什么方式对待人类自身,体现出一个城市、一个地区、一个国家的国民素质。正是因为垃圾分类的滞后,才加剧了政府垃圾处理的压力。切实推进垃圾分类,既可提升公众环境意识,提升国民素质和公德意识,又有助于提高垃圾处理的质量和效率。

可以肯定地说,具有垃圾分类习惯的人,必然不会乱扔垃圾。

前面提及的将垃圾抛至河边、弃至公园、扔进下水道,不仅是一种坏习惯,而且也反映出一个人、一家单位(如餐馆)的素质和公德意识低下。

比这更恶劣的,是高空抛撒垃圾。

在杭州蚕花园永庆坊小区,曾有一张从东到西长几十米的网,上面横七竖八地躺着十几袋生活垃圾。袋子里,装的多是一些剩菜剩饭之类的厨余垃圾,有好几袋因为"落网"时的撞击力,垃圾袋摔破裂开,从里面渗出难闻的汁水。

图 1-16　蚕花园永庆坊小区的"天网"
(图片来源:杭州网,http://hznews.hangzhou.com.cn)

这张网是2015年国庆节后由小区的物业管理方杭州怡苑物业搭建的。小区物管主任在接受记者采访时说:"拉网实属无奈之举。"因为地面停车位上的不少车子常常被楼上抛下的各种垃圾所伤,车主们叫苦不迭,又抓不到元凶。物业架不住压力,最终花了近2万元的费用搭建了这张网。然而,楼下拉起的尼龙网不但没有阻止部分居民的劣行,反而变成了空中垃圾场,物业每星期都要派人清理一次网上的垃圾。每一次,清洁人员都要戴上安全帽,以防万一。物业管理方无可奈何:"能想的办法都想了,在楼道里贴'切勿抛物'的告示、挨家挨户上门沟通,可是不该发生的事情还是不断发生。"①

其实,高空抛撒垃圾的现象岂止存在于某一个小区、某一两户居民。有关高空垃圾砸坏车、砸伤人的新闻时常被媒体披露。上海有一小区名叫"香逸湾",为小高层电梯商品房,位于宝山区杨行镇竹韵路莲花山路,与"康桥水都"相邻,距地铁一号线比较近。然而,令人想不到的是表面"洋气"的高楼也频频发生高空抛撒垃圾现象。②

高层小区高空扔垃圾,不但破坏了自己所生活小区的清洁环境,而且容易引发安全事故。高空抛下的大多是各种生活垃圾,如鸡蛋壳、果皮以及一些没用完的食材,如遇热天,常常因腐烂散发出浓烈的酸臭味。垃圾袋高空坠地像水花一样四散溅开,令地面污迹斑斑。

住公寓楼的很多住户都有过这样的体验,窗外的雨棚上面堆着不少垃圾,其中大多是生活垃圾,如带汤的饭菜、用过的卫生纸、烟盒、牙签等,甚至还有头发以及用过的避孕套。天气炎热的时候,这些垃圾散发出阵阵恶臭,并招来蚊蝇。我们访谈了杭州市区部分装雨篷的住户,不少人表示装雨篷其实是迫不得已,因为开窗时常常有头发、烟蒂甚至污水飞进来。

---

① 周中诚:《12年,蚕花园永庆坊从天而降的垃圾没有中断过》,杭州日报,2015年2月2日,http://hznews.hangzhou.com.cn/shehui/content/2015-02/02/content_5635190.htm。
② 曹华中:《谈小区高空抛垃圾之丑陋现象》,http://blog.163.com/caohuazhong@126/blog/static/16453619 420131235534477。

素质和公德意识体现在许多细节中。一般住户虽然不至于高空抛物,但其盛放垃圾的垃圾袋常常不扎紧,并远距离抛至垃圾桶中(可能因垃圾桶内或周边的臭味而不愿接近),导致垃圾飞溅,既污染了垃圾桶及其周边的地面,又进一步加剧了垃圾桶周围的臭味(尤其是炎热的夏季)。

随意乱丢垃圾特别是高空抛物的行为是缺乏公德意识的充分体现。我们可以猜测,在公共场所随意乱丢垃圾的人,其家居环境却可能一尘不染,就像有随地吐痰恶习的人,在自己家中绝对不会随处吐痰。这就是说,这类人不乏善恶美丑的分辨力,也具有对自己行为的自控力,但就是少了公民需要遵循公共道德与公共卫生的基本素质。由此可见,推行垃圾分类,有助于根治这种与现代文明格格不入的丑陋恶习,有助于提升国民的素质和公德意识。

2016年7月初,本研究团队部分成员曾赴杭州市富阳区一家专门从事垃圾焚烧的企业富春环保进行实地参观考察。垃圾分类车间高温闷热、臭气熏天,工人们戴着口罩不停拾捡传送带上分离出来的易拉罐之类的物品。

图1-17 垃圾焚烧厂一角
(图片来源:作者拍摄于富春环保有限公司)

垃圾分类并不复杂,对于具有垃圾分类意识和垃圾分类习惯的人只是举手之劳。只有垃圾分类做好了,才能将垃圾处理过程中的污染降到最低。如果我们在日常生活中不注意垃圾分类,那么替我们买单的就是冒着高温和臭气分拣垃圾的工人,也是遭受环境污染和道德诟病的自己。

七、促进政府的执政能力和公信力建设

2001年,原国家环保总局发布了《2001年—2005年全国环境宣传教育工作纲要》,首次提出"绿色社区"的概念,而"绿色社区"的主要标志之一便是"有完备的垃圾分类回收系统"。

中国大陆地区试行垃圾分类已有近20年的历史。2000年6月建设部颁发《关于公布生活垃圾分类收集试点城市的通知》(建城环〔2000〕12号),选定北京、上海、广州、南京、深圳、杭州、厦门和桂林8个城市实施垃圾分类试点,自此垃圾分类开始进入各级政府的政策议程。不过,这项工作就像一场漫长的马拉松比赛,至今仍然"跑"在路上。

确实,从这一政策的施行结果来看,效果很不理想,多数居民尚未养成垃圾分类的习惯,垃圾随意投放的现象依然普遍。

作为第一批试点城市的杭州,早在1999年就在上城区的向阳新村和锦花苑设点,先行实施垃圾分类。2000年11月27日,杭州市政府办公厅下发《杭州市城市生活垃圾分类收集实施方案》,确立的目标是:2000年,开展试点,积累经验,在市区选择2—3个城区进行分类收集试点;2001—2002年,巩固提高,逐步推广,到2002年年底,实行垃圾分类收集的居民户数达到市区总户数的20%;2003—2005年,加快步伐,基本普及;至2005年年底,实行垃圾分类收集的居民户数达到市区总户数50%以上。事后看,这一目标显然没有实现。

2010年杭州再次启动垃圾分类工作,从3月1日起,开始在建南小区、浙报公寓、新城国际花园、清水公寓、绿园、东芝公寓、金沙曲苑、江滨花园8个小区试点逐步推行生活垃圾分类。新的垃圾分类方案计划2010年6月底前在杭州市确定

的37个试点小区推广,年底前争取在全市40%的小区推广,之后再在全市范围内铺开。

时间又过去了近十年,杭州的垃圾分类虽仍在坚持,但效果并不理想,在有的小区甚至可以说名存实亡。

垃圾分类能否得以切实的实施,与政府的执行能力、与一个城市的城市化进度紧密相连。在杭州垃圾分类再次启动后不久,我们曾对2000—2010年间来自新闻、博客、BBS的1716条信息进行分析,从情感倾向看,总体而言是负面评价大于正面评价,也就是说人们对长达10年的"垃圾分类"总体持否定态度。

垃圾分类为什么收效不如预期?人们为什么对垃圾分类给予负面评价?

2010年8月,杭州市民情民意办公室对试点小区1200户居民家庭进行了生活垃圾分类工作评价调查,结果表明,98.3%的市民对垃圾分类的重要性表示认同,但有37.7%的市民仍把产生的所有生活垃圾混装到一个垃圾袋,扔到垃圾桶中。[1]杭州市民对于自己不积极的垃圾分类行为,列出了诸多"理由",其中有一条是"担心政府实施这项政策的决心有变而导致半途而废",担心这项政策又跟10年前一样有始无终。由此可见,市民给予"差评"的不只是垃圾分类本身,更主要的是政策实施中的虎头蛇尾。

市民的担心不无依据,与垃圾分类有密切关系的"限塑令"就是这样无疾而终的。2008年6月1日,杭州开始执行"限塑令",规定零售场所必须有偿提供塑料袋。然而,与刚推出时的热闹相比,现在的"限塑令"似乎已成一纸空文,除了大型超市严格执行"限塑令"外,在农贸市场、街头摊贩和社区小店等,我们几乎感受不到"限塑令"的存在,几乎每个摊主、每家小店都提供用不完的免费塑料袋。

垃圾分类的目的在于"减量化、无害化、资源化",垃圾减量(Reduce)、再利用(Reuse)、回收(Recycle)的"3R"原则被不少国家奉为垃圾处理的核心理念。正是因为垃圾分类的滞后,才加剧了政府垃圾处理的压力。为了应对日益增长的生活

---

[1]洪光豫:《六成市民愿意参与垃圾分类相关活动》,杭州日报,2010年9月3日,http://hznews.hangzhou.com.cn/chengshi/content/2010-09/03/content_3414162.htm。

垃圾,许多地方开始规划建设垃圾焚烧厂。然而,近年来各地围绕垃圾焚烧的"反建"行动此起彼伏,部分事件甚至发展成为冲突严重的群体性事件。仅2016年,浙江海盐、湖北仙桃、湖南宁乡、广东肇庆就接连发生了抗议垃圾焚烧项目事件,除了湖南宁乡项目仍在论证阶段之外,其他三地的项目皆以"政府宣布停建"告终。

表1-1 2016年发生的垃圾焚烧项目抗议事件[①]

时间	地点	市民抗议行动	项目最终"结局"
2016年6月	湖北省仙桃市	6月25日开始,湖北仙桃市部分群众抵制仙桃市生活垃圾焚烧发电站项目工程。	6月26日,仙桃市人民政府新闻办公室发布通告称,决定停止"生活垃圾焚烧发电项目"。
2016年6月	湖南省宁乡县	6月27日,湖南宁乡县部分群众在县政府前聚集,反对建设垃圾焚烧项目。	项目仍处于论证调研阶段。据宁乡公安局通报,张某龙、欧某江煽动他人参与非法集会,二人均已被依法刑事拘留。
2016年6月-7月	广东省肇庆市高要区	7月3日,肇庆市高要区禄步镇部分群众在镇政府门前聚集,抗议建设"环保能源发电项目"(即垃圾焚烧发电厂)。公安机关在现场将21名涉嫌违法人员带离审查。	在抗议行动之前的7月1日,肇庆市高要区委区政府已在禄步镇召开全镇村民小组大会,宣布停止该项目在禄步镇江(岗)仔头村的征地工作。
2016年4月	浙江省嘉兴市海盐县	4月21日,部分群众因对海盐垃圾焚烧项目规划选址持不同意见,先后到海盐县政府门口和东西大道十字路口聚集,封堵道路。	4月22日,海盐县副县长陆忠祥表示,经研究,海盐生活垃圾焚烧发电厂项目已停止。

①陈丽、苏城育:《垃圾焚烧项目舆论频发 想要落地有技巧》,人民网舆情网监测室微信公众号,2016年7月22日,http://mp.weixin.qq.com/s?__biz=MjM5OTM0MzI2MQ==&mid=2653539639&idx=1&sn=eadabc88f027182b9e9133a60329aebe&scene=23&srcid=0723uahTlBrsJwIRcr9zT2uY#rd。

美国心理学家斯金纳曾举例说,当小孩以哭闹引起母亲的关注时,母亲可能并没有意识到,正是她自己做出的强化行为,导致小孩的哭闹声音越来越大。因为小孩根据自己的经验判断,哭闹能够引起母亲的回应。一旦得不到回应,小孩可能会加大哭声。而母亲很有可能随着哭声的增大而提高回应概率,久而久之,小孩就会不断增加哭闹的强度。跟孩子哭闹相类似的是,围绕垃圾焚烧项目呈现出的"聚众一闹就停"这一现象对政府的公信力和执政能力产生了极为负面的影响。当然,要赢得公众的支持,就必须高度重视决策前的科学调查,坚持法治精神和程序规范。随意决策、一闹就退,政府的公信力就会荡然无存,执政能力也就无从谈起。关于这一议题,本书将在第四章专门展开分析。

八、从小培育公民素养

垃圾分类的实施过程本身就是公民素养培育的过程。从小对孩子进行垃圾分类教育,对于培育一代又一代人的公民素养、环境意识、契约精神以及工作态度具有重要的意义。

一些发达国家或地区很久以前就开始进行垃圾分类,有的国家将垃圾分类作为学校教育的一部分,有的国家甚至用了一代人的时间来普及垃圾分类。在瑞典,人们自觉地保护环境,科学合理地处理各种生活垃圾。政府对国民垃圾分类意识的培育从儿童时期就开始了,他们先是把这一概念引入学校,教育孩子们如何进行垃圾分类,再由孩子们回家后告诉大人。因此,瑞典人自豪地称:"在瑞典,垃圾分类是一种传统。"

图 1-18　瑞典的垃圾分类教育[1]
（图片来源：固废观察）

在日本，居民如果不严格执行垃圾分类，将面临巨额的罚款，并在以住宅团地为单位的区域社会里落下一个"不履行垃圾分类"的坏名声。日本的垃圾分类是母亲手把手教给下一代的，孩子们从懂事开始，就会在父母的教导下严格遵守垃圾分类规则。日本的垃圾分类要求非常烦琐，对日本孩子来说，从小经受成年人一丝不苟地进行垃圾分类的耳濡目染，对于铸就一生的好习惯具有深远的影响。

在我国台北推行垃圾分类的过程中，学校在国民素质教育上的培养是非常重要的一环。国民素质教育并非空喊爱国主义口号，如果让孩子们参与必要的回馈社会的志愿服务，将必要服务时限的志愿服务以学分方式列入教学任务，就会使志愿服务常态化，让国民素质教育可操作化。而且，人们在实施垃圾分类中体验到的成就感、自豪感反过来又会推进垃圾分类的实施。

一句话，垃圾分类的意义不仅在于垃圾分类本身，还在于促进社会公益行为、提升国民素质和公民的家园归属感，是真正体现一个国家文明和社会发展水平的重要标志。

---

[1]《世界上那些垃圾分类到极致的国家都是怎么做的？》，固废观察，2016 年 8 月 14 日，http://mp.weixin.qq.com/s?__biz=MzA4MTUzOTMyMA==&mid=2649958109&idx=1&sn=9c482156bd21d8eb628160e0c1e49c3e&scene=1&srcid=08141hbhkQWfX9NNpTINEXsd#rd。

垃圾分类实施的
现状与问题

第二章

2000年6月,建设部曾颁布《关于公布生活垃圾分类收集试点城市的通知》(建城环〔2000〕12号),确定北京、上海、广州、深圳、南京、杭州、厦门、桂林8个城市为"生活垃圾分类收集试点城市"。如果以此为起点,中国大陆的垃圾分类工作已经走过了17个年头。这17年可谓风风雨雨,曲曲折折,成绩与问题并存。

从成绩看,试行垃圾分类的城市越来越多,垃圾分类、资源回收的理念得到越来越多的社会认同。各地方政府在垃圾分类政策的实施过程中进行了多种多样的有益探索,这些探索从立法保障到分类标准的调整,从垃圾实名制的推出到免费垃圾袋的发放,从单一的城市垃圾分类到与美丽乡村建设挂钩的农村垃圾整治,积累了丰富的经验和教训,为进一步推广落实垃圾分类打下了基础。

从问题看,相关法律法规还不够完善,一些措施的可操作性不强。分类标准、宣传手段、实施力度都还存在不同程度的问题,居民的环保意识和垃圾分类习惯都还很滞后。从我国首批8个试点城市的垃圾分类实施现状看,无论是垃圾前端分类与收集,还是垃圾的运输、处理和监管,都还存在不同程度的问题。

杭州市环境卫生科学研究所每年都会进入居民小区和垃圾中转站,对居民的生活垃圾进行采样,旨在通过分析居民丢弃的生活垃圾的成分组成,为采取最佳的垃圾处理方式提供依据。2015年该所从各个居民生活小区、垃圾中转站内,共采集调查生活垃圾样本618份,其中厨房垃圾样本286袋,其他垃圾样本276袋;混合垃圾样本56袋。结果显示:厨房垃圾中,厨余成分占71.43%,纸类12.41%,塑料橡胶8.50%,纺织物4.16%,玻璃、金属等其他组分占3.5%。其他垃圾中,厨余成分占34.68%,纸类28.72%,塑料橡胶20.17%,纺织物6.74%,玻璃、金属等其他成分占9.69%。混合垃圾中,厨余成分占54.69%,纸类16.21%,塑料橡胶10.3%,纺织物

3.96%，玻璃、金属等其他成分占14.84%。[①]从这组数据可以清晰地看到，尽管越来越多的居民开始习惯把垃圾丢进它们该去的地方，但是家庭垃圾混装的情况依然非常严重。

一、垃圾分类实施的现状

在第一章我们曾提到，杭州是2000年建设部发文公布的生活垃圾分类收集试点城市之一。与其他几个试点城市一样，该次垃圾分类试点并没有取得预期的成效。2010年3月，杭州市政府再次启动垃圾分类工作，迄今已超过7年。2016年7—8月，本课题组曾通过实地访谈等形式对杭州垃圾分类的成效和问题进行调查。

(一)调查方法

本次调查采用深度访谈的方式。访谈时间是2016年6月25日—2016年7月8日，访谈员是本项目研究人员和2015级广播电视学专业的学生。访谈所涉及的小区既有新建小区也有建于20世纪80年代的老旧小区，既有高档商品房小区也有城郊接合部的拆迁小区，既有2010年垃圾分类的试点小区也有非试点小区。所访谈的对象年龄不同、文化程度各异，既有小区业主、租户，也有小区保安、清洁工、物业公司负责人以及社区工作人员。为了弥补受访者年龄偏大的缺陷，课题组成员特意前往浙江图书馆和解放东路市民中心，对年轻市民进行访谈。此外，我们还对少数餐馆、饭店的垃圾分类进行了考察和访谈。本次访谈人数累计达到170余人，涉及7个市辖区共26个住宅小区，受访者年龄跨度为12—82岁，男女比例约为4∶6。受访者职业类型丰富多样，年轻群体中以公司员工、店主、自由职业者、教师、外来务工人员等为主，也有在读大学生和研究生；年龄较大者大多为退休后赋闲在家的市民以及来杭投奔子女的农村老人。

---

① 霍翟羿：《杭州生活垃圾投放准确率越来越高了》，杭州网，2015年12月19日. http://hznews.hangzhou.com.cn/chengshi/content/2015-12/19/content_6017461.htm。

表2-1 实地访谈住宅小区一览表

序号	杭州市辖区	调查小区	备注
1	江干区	百盛苑	
2		新元社区	
3		多立方公寓	
4		东芝公寓	2010年试点小区
5		弗雷德小区	
6		高沙教师公寓	
7		柳翠坊	
8		高沙百盛苑	
9		新城国际花园	2010年试点小区
10	下城区	金祝社区	
11		浙报公寓	2010年试点小区
12		打铁关新村	老旧小区
13		朝晖二区	老旧小区
14		紫庭花园	中档小区
15		绿洲花园	高档小区
16	上城区	葵巷社区	
17		珠碧苑	
18		向阳新村	2000年试点小区
19		锦花苑	2000年试点小区
20	西湖区	上焦营	
21		仙林苑	
22	拱墅区	清水公寓	2010年试点小区
23	余杭区	胡姬花园	
24		碧天家园	
25	萧山区	万和国际中心	
26		新白马公寓	

(二)调查发现

1.多数小区垃圾分类名存实亡

被访谈者中只有45%的人知晓所在小区是否实行垃圾分类,对垃圾分类情况表示满意的仅占5.6%,明确表示不满意的占52.2%。

下城区是杭州市较早实行垃圾分类的行政区域,但从我们所访谈的两个老小区(打铁关新村、朝晖二区)看,垃圾分类效果并不理想。在打铁关新村,有很多人不清楚什么是垃圾分类。大量居民对什么是可回收垃圾和不可回收垃圾、什么是有害有毒垃圾概念不清。一些声称在家进行垃圾分类的也只是凭感觉分类。从一名环卫阿姨口中得知,该小区在一年前实行过垃圾分类,当时政府提供免费垃圾袋,让环卫工人协助垃圾分类并可获得每天30元的补贴。但是,该政策实施一段时间后就不了了之,垃圾袋不发了,环卫工人的补贴也没了,垃圾分类就此告终。在朝晖二区,有很多居民表示没有进行垃圾分类,少数年轻的被访者说自己会对干、湿垃圾进行分类。大多数人觉得分类比较麻烦,而且认为,即便进行分类,最后垃圾车也会混装。

在访谈中,对于"您时常在家里进行垃圾分类吗",有51%回答不分类,回答分类的被访者,其分类方式也是各不相同。其中按厨房和客厅垃圾进行分类的占56.8%;按可回收与不可回收垃圾进行分类的占27%。据进一步了解,其实按厨房和客厅垃圾进行分类不是真正意义上的垃圾分类,被访者只是在厨房和客厅各放一个垃圾桶而已,无助于垃圾的后续处理,因为厨房垃圾既有厨余垃圾也有玻璃瓶、牛奶盒、塑料包装等物件,客厅垃圾则可能包括水果核、废纸、文具甚至废弃的手机、充电器等物件。按可回收与不可回收垃圾进行分类的也存在一些问题,大多数家庭(特别是有老人的家庭)只是将可卖钱的垃圾重新分类,一些可回收但卖不出价钱的垃圾仍被弃于不可回收垃圾中。也就是说,相当一部分家庭对可回收与不可回收垃圾的分类不明确,实际上只是对可卖钱与不可卖钱垃圾进行分类。

此外,不少居民对什么是有毒垃圾难以界定,对于"建筑垃圾是否属于其他垃圾？如果不是,如何处理建筑垃圾""如何处置无法放入垃圾桶的大件垃圾,如废弃的沙发、床垫、桌椅等"这样的问题,也并不清楚。

2.部分试点小区仍在艰难推行

2000年杭州市在上城区设立了两个垃圾分类试点小区:向阳新村和锦花苑。通过走访调查后发现,向阳新村仍然在实施垃圾分类,住宅小区设有分类的垃圾桶,除了厨余垃圾和其他垃圾两种垃圾桶外,还特别放置有害垃圾及可回收物两类垃圾桶。小区比较整洁卫生,宣传也很到位,有许多海报、喷绘展板宣传垃圾分类的相关知识。然而,锦花苑的垃圾分类显然没有继续,小区没有分类垃圾桶,也不见垃圾分类方面的宣传。

2010年3月,杭州市政府第二次启动垃圾分类工作,在建南小区、浙报公寓、新城国际花园、清水公寓、绿园、东芝公寓、金沙曲苑、江滨花园8个小区试点逐步推行生活垃圾分类。这次垃圾分类工作最主要的措施是在住宅小区设立四色垃圾桶——红桶(有害垃圾)、蓝桶(可回收垃圾)、绿桶(厨余垃圾)、黄桶(其他垃圾)(如图2-1),社区通过招募志愿者、免费提供垃圾袋等措施,呼吁和鼓励更多的居民一起参与到垃圾分类的行动中来。

图2-1 杭州2010年推广的四色垃圾桶

(图片来源:网络)

调查发现,当前垃圾分类的实施情况不如试点初期时理想。在8个试点小区中,浙报公寓和清水公寓仍在继续实施垃圾分类,清水公寓的生活垃圾只分为厨余垃圾和其他垃圾,另外两类垃圾桶因使用较少而被取消。清水公寓垃圾分类的流程是:居民家中先按厨余垃圾和其他垃圾分好,扔入对应的垃圾桶,然后直运公司把垃圾分别装运后再做分类处理,进行回收利用或者填埋。小区会发放装厨余垃圾的专用垃圾袋,鼓励居民在家先进行垃圾分类。清水公寓物业公司负责人告诉调查者:"刚开始实行的时候可能还好一点,现在大家都松懈下来了,可能比以前稍微差一点。"浙报公寓的垃圾分类也比刚开始时差很多,一方面绿桶和黄桶不够用,垃圾桶破损后没处买,桶满后垃圾被丢在垃圾桶边的地面上。另一方面,有毒垃圾从未有人上门收集,时间久了不但产生污染,有时还跟其他垃圾混杂在一起。物业公司因此处于一个尴尬的位置上,"反正上头不怎么管了,我们也没必要继续坚持"的思想在居民中滋生并蔓延。浙报公寓物业公司某负责人认为,大多数居民对垃圾分类没有明确的概念,但物业又无法强制每家每户进行垃圾分类。访谈时,有的住户为自己的行为辩解:"全杭州都不分类的,那我们分类有什么用"。昔日的垃圾分类示范作用开始减弱。

新城国际花园小区环境优美,绿化多。该小区将垃圾桶设在地下室,每栋楼配备黄绿两个垃圾桶。由于垃圾桶数量少,垃圾桶扔满后居民往往将垃圾袋乱扔在地面上。而且,晚上有野猫觅食扯烂垃圾袋,使垃圾散落一地。尽管垃圾桶放在地下室,小区表面干净整洁,但地下室环境相对封闭,垃圾桶散发出的异味较为明显。小区清洁工数量少,没有人对垃圾进行再分类。垃圾桶背后的墙面贴有垃圾分类的宣传,电梯外的墙上也有宣传栏,告诉居民到哪里领取厨余垃圾袋以及垃圾分类服务电话等。在访谈中了解到,由于地面没有放置垃圾桶,居民有时候会乱扔垃圾。虽然总体而言,新城国际花园环境整洁,垃圾分类宣传到位,但自2010年实施垃圾分类到今天,效果跟预期仍有很大差距。

3.小区类型与居民结构影响垃圾分类的实施成效

我们在调查前曾认为，常住户（主要是业主）与短租客因对住宅小区的认同及归属感不一样，因而垃圾分类行为也可能存在差异。在访谈中，绿洲花园物业、浙报公寓物业与多立方社区物业都认为常住户的分类意识比短租客更高，但我们感觉这样的回答有"先入为主"之嫌。浙报公寓一位租客告诉我们，其所认识的不少租客因为不动炊所以不会产生大量的厨余垃圾，居住时间不长也就不会弃置家电、家具之类的大型垃圾，他们所产生的生活垃圾量少而且简单易分。为此，我们在访谈中专门设置了相关问题。结果显示，进行分类的租客占租客总数的41.67%，进行分类的常住户占常住户总数的46.67%，差距其实并不是很大。

环境是决定人们行为的重要因素。调查前的另一个假设是，不同类型的住宅小区，住户的垃圾分类行为可能有所不同。我们基于房产中介公司对房屋租售的基本经验，将住宅小区主要分为三大类，分别考察其住户垃圾分类的实施情况。

第一类：城中村或城郊接合部小区，如打铁关新村、上焦营、仙林苑。这些住宅小区的主要特征是人员杂、人际联结紧密（有不同规模的初级群体），行政管理相对比较困难。这类小区由于居民文化程度总体偏低，垃圾分类意识相对薄弱，垃圾分类推行难度较大。尽管所在社区也会开展多种形式的宣传，但收效往往不明显。可能存在的垃圾分类仅限于废品回收人员从各种垃圾桶中翻找可卖钱的回收垃圾。这样，尽管部分可回收垃圾得到了利用，但原本未分类的垃圾桶被搅得更乱，在夏天，散落一地的垃圾常常臭气熏天。

第二类：各类房改房，特别是建于20世纪90年代前后的职工宿舍。这类小区居民的文化素质比第一类普遍要上一个台阶，相互关系多为同事。2010年垃圾分类试点小区中的浙报公寓、东芝公寓、绿园就属于此类。这类小区尽管在垃圾分类政策推行之初做得较为出色，有的小区甚至受到市政府嘉奖，但现在看来，其垃圾分类工作仍不尽人意。造成这一结果的原因可能与政府、单位、物业、居民四方的沟通模式有关。以2010年垃圾分类试点小区浙报公寓为例，其沟通模式如图2-2所示：

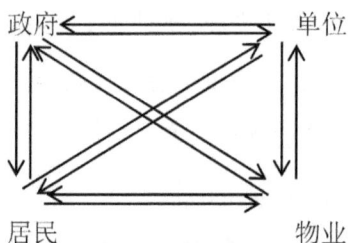

图2-2　政府、单位、物业、居民垃圾分类互动图
（图片来源：作者绘制）

政府要求住户所属单位（即浙报集团）在其职工宿舍推行垃圾分类，两者具有通畅的宏观合作关系；

浙报集团雇佣物业进行垃圾分类的保障工作，并对居民进行宣传教育；

政府向居民提供分类用垃圾袋，向物业提供分类用垃圾桶；

居民与物业层面的沟通却容易出现断层：居民有问题直接向单位（浙报集团）反映，物业因其组织形式等限制难以要求住户执行垃圾分类，但又迫于政府与浙报集团的压力不得不独自承担垃圾分类的大部分工作；

居民与政府之间也不存在长期有效的沟通模式。居民个体少有渠道与政府直接交流，也没有办法经所在单位来维护自己的公共利益，更不用说求助于执行力有限的物业，其结果便是一旦遇到诸如停发垃圾袋之类的外部因素的影响，居民就会心安理得地放弃一度形成的垃圾分类习惯。

此外，这类住宅小区在经历几十年的人口流动后，已失去"职工宿舍"的本来意义，大量老住户或出售或出租原有住房，使得小区的居民结构不再单一，对单位的认同感和对小区的归属感也渐渐消失，其互动模式有向第一类小区靠近的趋势。

第三类：各类商品房，特别是近十几年来新建的住宅小区，如余杭区的碧天家园与江干区的多立方公寓。这类小区虽然住户关系松散，但个体维权意识强烈，同时小区管理系统也相对明确有序，从政府发出的相关决策能够清晰无误地到达各个终端（居民）。一旦因政府的行政行为不到位而影响个人利益，居民就会主动到物业或是社区提出抗议。这与前两类住宅小区截然不同。

由此可见,垃圾分类的实施效果与住宅小区的性质关系密切。城市垃圾分类之所以屡屡遭遇瓶颈,实际上与城市化进程中的住宅小区居民结构及管理模式存在必然的联系。

二、垃圾分类中存在的问题

通过实地调查可以得出结论,当前国内城市垃圾分类还存在着多种多样的问题,这里仅对主要问题进行梳理。

(一)相关法律规章不够具体,可操作性不强

国内现行的关于城市生活垃圾管理方面的主要法律法规有《中华人民共和国环境保护法》《中华人民共和国固体废物污染环境防治法》《城市市容和环境卫生管理条例》《城市生活垃圾管理办法》等,这些法律法规大多只是笼统地涉及了垃圾治理的某些方面,比如"对城市生活废弃物应当逐步做到分类收集、运输和处理"等,操作性不足。此外,有的法律法规的颁发和修订距今已有几年甚至十几年的时间,已经很难适应当前垃圾分类和治理的现实。

东邻日本对于垃圾分类与治理有一系列具体且操作性强的相关法律,如《废弃物处理法》《关于包装容器分类回收与促进再商品化的法律》《家电回收法》《食品回收法》等。而且,对于违反这些法律的行为处罚相当重。比如,《废弃物处理法》第二十五条14款规定:胡乱丢弃废弃物者将被处以5年以下有期徒刑,并处罚金1000万日元(约合人民币83万元);如胡乱丢弃废弃物者为企业或社团法人,将重罚3亿日元(约合人民币2500万元)。

这几年,我国部分城市相继出台了一些更具体的规定。2008年上海市制定了《城市生活垃圾收运处置管理办法》,对该市中心城、新城、中心镇以及独立工业区、经济开发区等城市化地区内的生活垃圾收集、运输、处置及其相关的管理活动进行规定(2008年8月1日上海市人民政府令第5号公布)。2014年颁布的《上海市促进

生活垃圾分类减量办法》,不仅确定了生活垃圾分类减量工作的管理部门,还对其职责、分类标准和分类投放要求、分类减量的促进措施等予以明确,而且在"法律责任"部分,对未按照规定投放生活垃圾的单位和个人做出了具体的处罚规定。2015年5月25日《广州市生活垃圾分类管理规定》由市政府第十四届一百六十五次常务会议讨论通过并于当年9月1日起施行。《杭州市生活垃圾管理条例》经杭州市第十二届人民代表大会常务委员会第二十一次会议批准,自2015年12月1日起施行。该条例共有9章,除"总则"和"附则"外,其余各章分别对生活垃圾管理的规划和设施管理、源头减量、分类投放、分类收集、运输与处置、促进措施、监督管理和法律责任做了具体规定,不按要求分类投放生活垃圾的,将受到更严厉的处罚:对个人而言,将处50元以上,200元以下的罚款;对单位而言,将处5000元以上,5万元以下罚款。然而,《杭州市生活垃圾管理条例》出台后遭遇了执行困境。一些媒体曾以"杭州垃圾分类遇'零罚单'"为题进行过报道。①尽管2015年12月初杭州下属的淳安县对博润花园附近几家夜宵摊将厨余垃圾随意倾倒在马路一侧的雨水管进口处开出了杭州第一张罚单,②一时多家媒体纷纷转载,但因处罚执行难的状况一直受到社会舆论的质疑。从现在的情况看,相关的处罚规定很可能因法不责众等原因,热闹一阵便不了了之。

将上述几个法律规定的"罚则"与日本的相关处罚相比,我国地方政府对于垃圾治理的决心和力度明显偏小,对于违法者的处罚也仅限于罚款。治理决心的缺失造成了执行中的虎头蛇尾。

事实上,法律法规的操作性强不强不仅在于处罚的标准是否明确、是否合理,而且在于处罚的主体是否权威(近年来社会对于城管队伍的负面评价影响了城管执法的主动性和有效性),更重要的是社会是否形成了支持垃圾分类执法的氛围,

---

① 《杭州垃圾分类遇"零罚单"》,人民网,2015年12月4日,http://legal.people.com.cn/n/2015/1204/c42510-27889321.html。

② 孙晶、鲍亚飞:《乱丢垃圾真被罚了,淳安开出杭州第一张罚单》,钱江晚报,2015年12月5日,http://qjwb.zjol.com.cn/html/2015-12/05/content_3224170.htm?div=-1。

而这一切皆依赖于政府的治理决心。

(二)分类标准科学性与合理性不足

生活垃圾如何分类？生活垃圾分类的标准是什么？制定生活垃圾分类标准的依据是什么？

在日本，垃圾分类细致严谨，不同垃圾的处理方式也各不相同。当然，在实行垃圾分类的初期，生活垃圾只分为可燃烧垃圾与不可燃烧垃圾两类，而如今日本垃圾分类的细化程度和复杂程度早已远远超出最初的设想。

日本地方政府会根据各地具体情况制定相应的垃圾分类办法。以新居滨市为例，生活垃圾被分为八大类：可燃烧垃圾、不可燃烧垃圾、塑料容器和包装、瓶和罐、有PET(聚对苯二甲酸乙二醇酯)标识的塑料瓶、废纸类、有害垃圾和大型垃圾(以下仅列出部分)。

可燃烧垃圾：包括厨房垃圾(菜叶子、剩饭剩菜、蛋壳等"生垃圾")、不能再生的纸类(餐巾纸、面积大于明信片的纸张属于"资源垃圾")、木屑及其他(小棒棍、烟头、湿毛巾、M巾、宠物粪便、干燥剂)；

塑料瓶类：饮料塑料瓶(装饮料、果汁、茶、咖啡、水等的塑料瓶)，酒类塑料瓶(日本酒、烧酒、料酒等塑料瓶)，酱油、食用油、沙司、洗洁精的塑料瓶属于"可回收塑料"；

可回收塑料：商品的容器或包装袋，蛋糕、蔬菜、方便面的口袋，洗发水、洗洁精的瓶子，蛋黄酱塑料瓶，牙膏管，洋葱或橘子等的网眼口袋，超市购物袋；

其他塑料：容器、包装以外的塑料、录像带、CD及其盒子、洗衣店的口袋、牙刷、圆珠笔、塑料玩具、海绵、鞋类、布制玩具等；

不可燃烧垃圾：包括陶瓷类(碗、陶瓷、砂锅等)、小型电器(熨斗、吹风)、其他(耐热玻璃、化妆品的玻璃瓶、保温瓶、溜冰鞋、雨伞、热水瓶、电灯泡、一次性取暖炉、一次性和非一次性打火机、铝制品、金属瓶盖)；

资源垃圾：包括纸类(报纸、宣传单、杂志、蛋糕包装盒、信纸、硬纸箱等)、布类(旧衣服、窗帘等)、金属类(锅、平底锅、金属制罐子)，玻璃类(酒类玻璃瓶、醋瓶、酱

油瓶、威士忌酒瓶、玻璃杯、啤酒瓶、玻璃碴等);

有害垃圾:荧光棒、干电池、水银体温计;

大型垃圾:家电回收法规定范围内的电器(空调、电视、冰箱、洗衣机、冰柜)、家具、家居用品(柜子、被褥、电磁炉、炉子等)、其他(自行车、音箱、行李箱等)。

不同的垃圾投放方法也不一样。如可燃烧垃圾、不可燃烧垃圾、塑料容器和包装要装在45升以下透明或半透明的垃圾袋里;厨余垃圾需要沥干水分,用报纸包好;棍棒类需砍成约50厘米的长度捆绑;装有荧光棒、干电池、水银体温计的垃圾口袋上必须注明"有害"二字;处理大型垃圾需要打电话预约,并支付一定"处理费"等。

我国台湾地区的家庭生活垃圾一般分三类:回收垃圾、厨余垃圾和一般垃圾。其中回收垃圾包括塑料瓶子、各种玻璃罐子,以及纸质饮料盒子、铝铁和泡沫塑料等。厨余垃圾包括生垃圾和熟垃圾。一般垃圾大多送往垃圾焚烧厂或掩埋场进行处理。各小区里设有垃圾桶、垃圾箱、密闭式清洁站等生活垃圾暂存和中转设施,要求市民必须在家中对垃圾进行粗分类。不分类的,在收运时是拒收的,甚至要被处罚1200—6000元新台币。

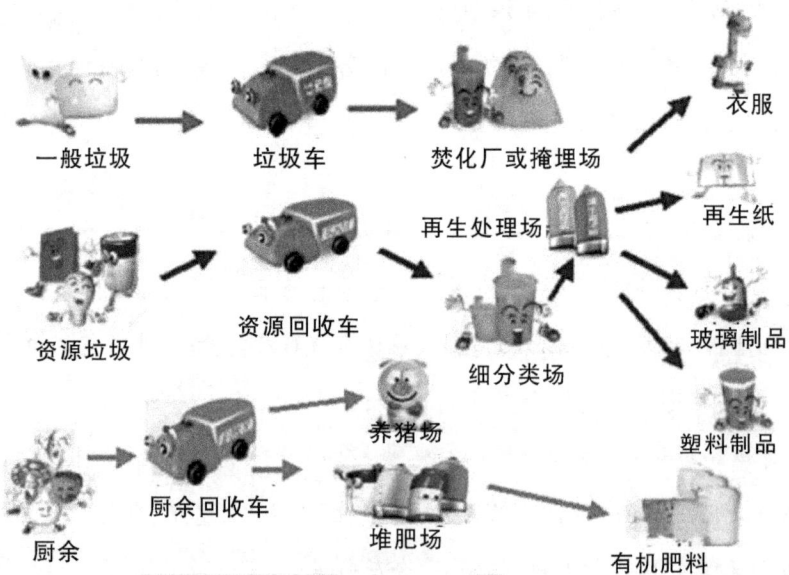

图2-3 台湾地区生活垃圾处理流程

(图片来源:网络)

接下来我们再来比较分析中国大陆一些城市的垃圾分类标准。

2013年4月1日南京市人民政府第4次常务会议审议通过,同年6月1日起施行的《南京市生活垃圾分类管理办法》,将生活垃圾分为可回收物、有害垃圾、餐厨垃圾、其他垃圾四类。工业废物、危险废物和医疗废物,按照国家、省和该市有关规定管理。从2014年5月1日起,上海市将垃圾分类基本标准微调为可回收物、有害垃圾、湿垃圾、干垃圾四类,住宅小区、单位办公生产场所以及公共场所这三类区域也将根据不同特点设置垃圾分类收集容器,并将通过建立垃圾分类投放管理责任人制度、明确垃圾分类减量促进措施等途径改变和规范垃圾收集行为,提高垃圾处理水平。

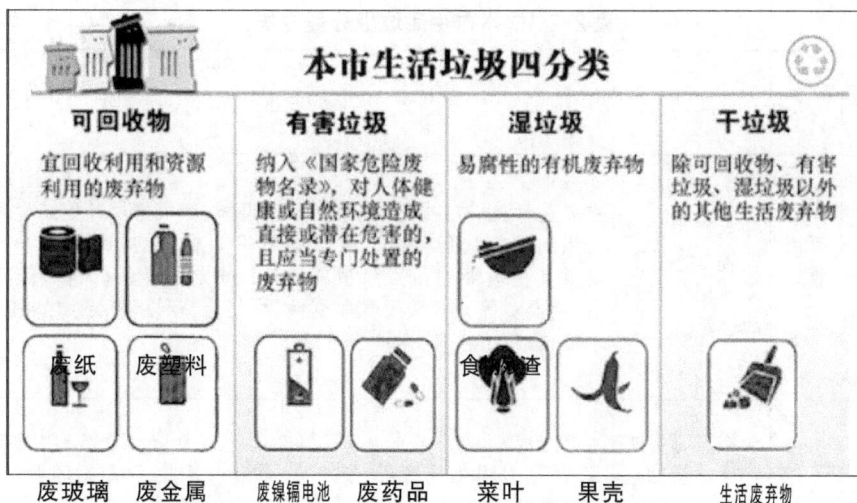

本市生活垃圾四分类

可回收物	有害垃圾	湿垃圾	干垃圾
宜回收利用和资源利用的废弃物	纳入《国家危险废物名录》,对人体健康或自然环境造成直接或潜在危害的,且应当专门处置的废弃物	易腐性的有机废弃物	除可回收物、有害垃圾、湿垃圾以外的其他生活废弃物
废纸　废塑料		食物残渣	
废玻璃　废金属	废镍镉电池　废药品	菜叶　果壳	生活废弃物

图2-4 上海市生活垃圾分类标准
（图片来源:网络）

2015年5月25日广州市政府第十四届165次常务会议讨论通过,自当年9月1日起施行的《广州市生活垃圾分类管理规定》将该市生活垃圾分为以下四类:

可回收物:适宜回收和资源利用的生活垃圾,包括纸类、塑料、金属、玻璃、木料和织物等;

有害垃圾:对人体健康或者自然环境造成直接或者潜在危害的生活垃圾,包括废充电电池、废扣式电池、废灯管、弃置药品、废杀虫剂(容器)、废油漆(容器)、废日

用化学品、废水银产品等；

餐厨垃圾(有机易腐垃圾)：餐饮垃圾及废弃食用油脂、厨余垃圾和集贸市场有机垃圾等易腐性垃圾，包括废弃的食品、蔬菜、瓜果皮核以及家庭产生的花草、落叶等；

其他垃圾：除可回收物、有害垃圾、餐厨垃圾以外的混杂且难以分类的生活垃圾，包括废弃卫生巾、一次性纸尿布、餐巾纸、烟蒂、清扫渣土等。

杭州市于2010年3月再次启动垃圾分类，与2000年试行垃圾分类时相比，其最大的变化就是设置四色垃圾桶，将垃圾分为可回收垃圾(蓝桶)、有害垃圾(红桶)、厨余垃圾(绿桶)、其他垃圾(黄桶)，具体分类方法见表2-2。

表2-2 杭州市生活垃圾分类方法

序号	分类类别	定义	内容
1	可回收垃圾	再生利用价值较高，能进入废品回收渠道的垃圾。	主要包括：纸类(报纸、传单、杂志、旧书、纸板箱及其他未受污染的纸制品等)、金属(铁、铜、铝等制品)、玻璃(玻璃瓶罐、平板玻璃及其他玻璃制品)、除塑料袋外的塑料制品(泡沫塑料、塑料瓶、硬塑料等)、橡胶及橡胶制品、牛奶盒等利乐包装、饮料瓶(可乐罐、塑料饮料瓶、啤酒瓶等)等。
2	有害垃圾	含有有毒有害化学物质的垃圾。	主要包括：电池(蓄电池、纽扣电池等)、废旧灯管灯泡、过期药品、过期日用化妆用品、染发剂、杀虫剂容器、除草剂容器、废弃水银温度计、废旧小家电、废打印机墨盒、硒鼓等。
3	厨余垃圾	厨房产生的食物类垃圾及果皮等。	主要包括：剩菜剩饭与西餐糕点等食物残余、菜梗菜叶、肉食内脏、茶叶渣、水果残余、果壳瓜皮、盆景等植物的残枝落叶、废弃食用油等。
4	其他垃圾	除去可回收垃圾、有害垃圾、厨余垃圾之外的所有垃圾的总称。	主要包括：受污染与无法再生的纸张(纸杯、照片、复写纸、压敏纸、收据用纸、明信片、相册、卫生纸、尿片等)、受污染或其他不可回收的玻璃、塑料袋与其他受污染的塑料制品、废旧衣物与其他纺织品、破旧陶瓷品、难以自然降解的肉食骨骼、妇女卫生用品、一次性餐具、烟头、灰土等。

由于区域的不同,垃圾分类的要求也不尽相同。对于居住区(居住小区、公寓区、别墅区等生活住宅区域),一般分为有害垃圾、可回收物、厨余垃圾、其他垃圾四类。对于单位区(政府机关、学校、企事业单位、大厦等办公场所),有集中供餐的一般分为有害垃圾、可回收物、餐厨垃圾、其他垃圾四类,无集中供餐的一般分为有害垃圾、可回收物、其他垃圾三类。对于公共区(车站、公园、体育场馆、商场等公共场所),则一般分为可回收物、其他垃圾两类或其他垃圾一类。

现在我们来思考两个问题:一是制定生活垃圾分类标准的依据是什么,二是怎样的分类标准符合当前我国的实际。

首先来讨论制定生活垃圾分类标准的依据是什么。

显而易见,生活垃圾分类不是为分类而分类,垃圾分类的目的是"减量化、资源化、无害化"。减量化就是减少生产、流通和消费等过程中的资源消耗和废物产生,以及采用适当措施减少垃圾体积和重量的过程。资源化是指采用适当措施实现垃圾的回收利用过程,而无害化是指通过垃圾焚烧、掩埋等措施减少甚至避免对环境和人体健康造成不利影响。从这个意义上说,制定垃圾分类标准时,需要考虑两个方面的问题:一是是否有利于垃圾处理,也就是是否有利于垃圾的"减量化、资源化、无害化";二是是否容易为居民所接受。当然,对于居民的行为习惯也存在强制和引导的过程,这里暂且不谈,后文再议。

生活垃圾处理一般有三种方式:填埋、焚烧、堆肥。垃圾填埋的最大特点是处理费用低,方法简单,但容易造成地下水资源的二次污染。而且随着城市垃圾量的增加,适用的填埋场地愈来愈少。焚烧处理的优点是减量效果好(焚烧后的残渣体积减少90%以上,重量减少80%以上),但如果垃圾中含有某些金属,则容易产生二次环境污染。堆肥是指将生活垃圾堆积成堆,70℃环境下恒温储存、发酵,借助垃圾中微生物分解的能力,将有机物分解成无机养分。可见,无论哪一种处理方式,进行垃圾分类都是基础。

三种处理方式各有利弊,但目前占主导地位的是垃圾焚烧。据欧盟统计局数

据,截至2006年,全世界共有生活垃圾焚烧厂近2100座,这些焚烧设施绝大部分分布于发达国家和地区,在丹麦、卢森堡、葡萄牙、瑞士等国家,生活垃圾焚烧的比例超过了70%。对于人口众多、人均占地面积较小的我国来说,垃圾焚烧恐怕是最好的选择。然而,从现有各个城市的生活垃圾分类标准看,均无"可燃烧垃圾"这一项。2016年7月初,我们曾实地考察浙江富春江环保热电股份有限公司,相关负责人告诉我们,由于垃圾分类不彻底,混杂在垃圾中的金属会对垃圾碎化、切块和燃烧产生很大的影响。在垃圾焚烧时不但会增加对焚烧炉等设备的磨损,而且会因不同垃圾的熔点不一致而影响焚烧的彻底性,对污染物达标排放增加不必要的难度,焚烧后的二次处理极大地抬高了处理成本。此外,垃圾中的布条等物容易缠绕焚烧炉造成设备出故障而停运。

如果垃圾分类合理且实施到位,事先把有毒有害的原生垃圾分离出来,那垃圾焚烧就能比较彻底,就可以把污染排放控制在国家规定的范围内,不会对居民的身体健康造成负面影响,也不会对环境产生二次污染。但如果对未经合理分类的生活垃圾进行"混烧",就无法确保排放物的无毒无害。总而言之,若想真正实现无害化垃圾焚烧,垃圾分类必须先行。

图2-5 工人正从垃圾传送带上分拣可回收物品
(图片来源:作者拍摄于富春江环保热电股份有限公司)

接下来讨论怎样的分类标准符合当前我国的实际情况。

通过上述分析,我们可以明确得出结论:垃圾分类标准的制定必须与垃圾处理方式联系在一起。在全球垃圾焚烧比例不断上升的背景下,需要重新考虑我国垃圾分类的标准。

关于居民接受度的问题,这里主要讨论两个方面,一是分类标准宽泛还是细致为好,二是垃圾桶的设置。理论上讲,垃圾分类的标准越细致,越有利于生活垃圾的"减量化、资源化、无害化"。然而,对于一项面向全体居民的公共政策,必须考虑其可操作性,在现阶段如果对日本的垃圾分类标准照单全收,肯定无益于这项公共政策的全面推进。垃圾分类的主体是生活在某一具体空间的人,其行为受到所处社会环境的影响和制约。在垃圾分类的初始阶段就实行细致的分类,显然不符合中国国情。要取得良好的政策实施效果,就必须对垃圾分类的主体以及影响其行为选择的社会环境做出深入的分析。我们知道,一些西方发达国家的生活垃圾分类已经达到相当高的水准,国民的环境意识和垃圾分类习惯都已根深蒂固,这与我们当前的国情有很大的不同,如果片面追求一步到位、一味地照搬他国的垃圾分类标准,效果必定适得其反。基于我国现阶段城市化水平、双职工的家庭结构、市民生活方式等方面的考虑,我们建议在垃圾分类的初级阶段采取简便易行的干湿二分法,若干年后待居民基本养成垃圾分类的习惯后,再制定进一步的细分标准并予以推广实施。关于干湿二分法,本书将在第三章具体阐述。

关于垃圾桶的设置。以杭州市为例,目前该市在很多居住小区配备了一组四色的垃圾桶,然而在实际使用中存在一些具体问题。四个不同颜色的垃圾桶大小一致,但居民每天产生的不同种类的垃圾量相差悬殊,这就导致有的垃圾桶很快被填满,有的垃圾桶却可能一个月甚至一年也堆不满。一些小区由于厨余垃圾桶数量少,这类垃圾桶扔满后居民就会乱扔垃圾袋,或把垃圾扔进其他三色垃圾桶,或随意堆放在垃圾桶周边的地面上。有的小区只设厨余垃圾和其他垃圾两个桶,另外两类垃圾桶因使用较少而被取消。此外,由于塑料垃圾桶经过一段时间使用后

发生破损,相关部门不能及时更换,市场上又买不到四色垃圾桶,致使不少小区里垃圾桶不够用,每天早晨都会发现垃圾桶旁边堆满了装不下的垃圾。也有小区自己购买体积相仿的垃圾桶替代破旧的垃圾桶,但颜色不相匹配,比较负责的物业公司会在这些杂色垃圾桶边贴上"厨余垃圾"等标志。有的小区还反映,专门存放电池等有毒垃圾的垃圾桶从来没有人来回收。这些因素都影响了垃圾分类的成效以及居民对垃圾分类的信心和恒心。

图 2-6　小区凌乱的垃圾桶

(图片来源:作者拍摄于 2017 年 7 月 7 日)

(三)垃圾混装清运的情况还比较普遍

由于垃圾分类不到位或清运时的混装,厨余垃圾桶中非厨余杂物比例高达31.8%,仅衣物等织物一项,就高达6400多吨。据杭州环境集团研发中心人员计算,这相当于杭州人每天要扔1400多件外套到厨余垃圾桶。[1]

我们在调查中发现,居民垃圾分类不积极有诸多原因,其中之一就是运输中的混装和后期处理不配套。垃圾的混装清运不仅会影响后端的垃圾处理,也会影响居民的垃圾分类行为。在实地访谈中有不少居民表示,自己将垃圾分好类放置在相应的垃圾桶中,最后负责清运的垃圾车还是会将所有的垃圾混在一起运出,这就

---

[1] 黄珍珍:《填埋空间日益减少 4年后杭州市区垃圾往哪倒?》,浙江日报,2016年7月4日.http://huanbao.bjx.com.cn/news//747844.shtml。

让自己觉得辛辛苦苦坚持实施的垃圾分类并没有实际意义,之后分类的意识就会越来越淡薄。对于"您所在小区的垃圾车是否将垃圾混装"这一问题,有25%的被访者回答"是",53%的被访者表示不清楚。一般来说,厨余垃圾桶的使用率最高,也最容易破损。在一些小区,物业公司用杂色桶代替破旧的厨余垃圾桶并在桶边贴上"厨余垃圾"字条,清运人员就把它和绿桶装的垃圾倒在一起,这时如果恰好有市民经过,便认为清运人员存在混装并投诉。

随着城市垃圾清运硬件(如清运车)的改善和管理的规范,混装清运的情况将逐步减少,但过去被居民"亲眼看见"的垃圾混装在相当长的一段时间内仍是影响居民垃圾分类的消极因素。

一方面居民诟病垃圾清运人员的混装,另一方面垃圾清运人员也对居民的混装感到无奈。2014年6月25日《钱江晚报》记者曾跟随杭州环境集团的清运车,以一位普通"集运员"(负责将分类垃圾装入直运车的人)的视角,对垃圾分类工作做得比较好的上城区(每次抽查排名均靠前)进行"掀开垃圾桶"的调查。该密封压缩垃圾直运车只负责清运厨余垃圾,白色车身,蓝色标识,在靠近驾驶座一侧的车身上印着"厨余垃圾"字样。据了解,杭州主城区共有一百多名集运员,他们每天驾驶着78辆垃圾直运车穿梭街头,其中36辆"厨余垃圾"车要完成主城区350吨的厨余垃圾直运。与清运车越来越规范不相协调的是居民的前端混装,该报记者跟随的清运车从早上5点35分到早上6点04分翻过42个垃圾桶,才"吃上"4个绿桶的厨余垃圾。虽是绿桶,却不是纯粹的厨余垃圾。工作人员掀开绿桶,里面除了蔬菜果皮、纸张衣物,还有很多玻璃瓶、矿泉水瓶。记者在太庙社区的大马弄22号楼道掀开其中一个黄桶(其他垃圾),结果和绿桶的情形差不多:旧衣服、木板等其他垃圾和菜叶根茎等厨余垃圾一起"混居"。很多居民是看哪个桶打开着就把垃圾扔进哪个桶。[1]由此可见,一方面居民没有做好垃圾分类,另一方面垃圾清运车也是"只认

---

[1] 李阳阳:《绿桶蓝桶黄桶,肚里的全是混合垃圾》,钱江晚报,2014年6月26日。http://qjwb.zjol.com.cn/html/2014-06/26/content_2717314.htm?div=-1。

桶不认垃圾"(车身印着"厨余垃圾"字样的车只运绿桶里的垃圾,不管它里面装的是什么),致使垃圾分类装运自欺欺人,失去了应有的意义。

在日本,不仅垃圾分类有相应的规定,垃圾收集日和具体投放时间也受到严格的限制,如果错过了规定日期和指定时间,就只能将垃圾存放到下个收集日再进行投放。日本有的行政区会在年底给每一家住户送上第二年的垃圾投放"年历",上面配有各种类别垃圾的漫画,帮助人们进行垃圾分类,更重要的是,在"年历"中,每个日期上会用不同颜色注明垃圾收集日的信息:每一种颜色代表哪一天可以扔哪类垃圾。当然,即使没有"年历",居民也可以通过市报、政府官方网站等方式了解到垃圾收集日的具体信息。

东京都武藏野市规定垃圾必须在早上9点前扔至指定的场所,而不同区域的收集日则有所不同。

地区 \ 星期		星期一	星期二	星期三	星期四	星期五
A	吉祥寺南町	可燃烧垃圾	每月第1个、第3个星期二不可燃烧垃圾	塑料软瓶、其他塑料容器包装	可燃烧垃圾	瓶子、空罐、旧纸、旧衣服有害垃圾
B	吉祥寺本町2、3、4丁目御殿山、中町	可燃烧垃圾	塑料软瓶、其他塑料容器包装	每月第1个、第3个星期三不可燃烧垃圾	可燃烧垃圾	瓶子、空罐、旧纸、旧衣服有害垃圾
C	吉祥寺本町1丁目吉祥寺东町	可燃烧垃圾	瓶子、空罐、旧纸、旧衣服有害垃圾	塑料软瓶、其他塑料容器包装	可燃烧垃圾	每月第1个、第3个星期五不可燃烧垃圾
D	吉祥北町	可燃烧垃圾	塑料软瓶、其他塑料容器包装	每月第1个、第3个星期三不可燃烧垃圾	可燃烧垃圾	塑料软瓶、其他塑料容器包装
E	八幡町绿町	每月第2个、第4个星期一不可燃烧垃圾	可燃烧垃圾	塑料软瓶、其他塑料容器包装	瓶子、空罐、旧纸、旧衣服有害垃圾	可燃烧垃圾
F	西久保、关前境1、3丁目	塑料软瓶、其他塑料容器包装	可燃烧垃圾	每月第2个、第4个星期三不可燃烧垃圾	瓶子、空罐、旧纸、旧衣服有害垃圾	可燃烧垃圾
G	境2、4、5丁目楼堤	瓶子、空罐、旧纸、旧衣服有害垃圾	可燃烧垃圾	塑料软瓶、其他塑料容器包装	每月第2个、第4个星期四不可燃烧垃圾	可燃烧垃圾
H	境南町	瓶子、空罐、旧纸、旧衣服有害垃圾	可燃烧垃圾	每月第2个、第4个星期三不可燃烧垃圾	塑料软瓶、其他塑料容器包装	可燃烧垃圾

图2-7 东京都武藏野市政府官方网站上的垃圾收集日信息

(图片来源:网络)

我国台湾从1992年开始推行垃圾分类收集,1996年台北市率先实施"垃圾不落地"政策,并逐步向全台湾推广。所谓"垃圾不落地",指的是街头不设置垃圾桶,垃圾车定时定点回收,市民需将分类好的生活垃圾按时拿到垃圾车旁边接受检查。一到时间点,附近的居民拎着专用垃圾袋,走到停车收运点,三辆垃圾车伴着音乐声,接踵而至,分为熟厨余垃圾车和生厨余垃圾车,还有一般垃圾运输车。投放和收集过程一般只有3分钟时间。

在中国大陆,目前还没有城市推行垃圾定时定点投放(个别地区有试点),居民随时可将垃圾投放到小区内放置的垃圾桶中。24小时"不间断"投放垃圾的方式,表面上看方便了居民,但实际上不但影响了垃圾的分类处理,而且对居民居住环境的质量起着负面作用。定时定点投放具有监督检查的作用,不按规定分类的垃圾,清运人员有权拒收。特别是夏天或平均气温较高的地区,厨余垃圾很容易腐烂发臭,24小时"不间断"投放也就意味着垃圾桶24小时都存有发臭的厨余垃圾,更何况缺乏监督检查的垃圾投放很容易造成垃圾混装、垃圾抛洒、垃圾不按对应垃圾桶投放的情况。

(四)垃圾分类工作的传播效果差

垃圾分类作为一项关系每个市民切身利益的公共政策,要得到切实的实施,有效的传播至关重要。自杭州试点垃圾分类以来,有关部门和各大媒体对垃圾分类工作的宣传不可谓不重视。市城管办等部门采用宣传栏、开展主题活动、编写垃圾分类"教科书"、下基层演出等多种形式开展垃圾分类宣传。此外,还专门设立了"杭州市生活垃圾分类网",介绍垃圾分类的知识、法规、案例等。各大媒体也各显神通、各司其职,及时介绍垃圾分类知识,报道垃圾分类工作中的典型人物、存在问题,特别是在垃圾分类政策实行之初,《杭州日报》《都市快报》以及杭州电视台各频道都对垃圾分类进行了密集的报道,省级有关媒体也对此给予了高度的关注。更难能可贵的是,省市媒体近年来对于垃圾分类活动一直给予持续的关注。尽管如此,仍有较大比例的市民对垃圾分类还停留于表面或一知半解,垃圾常常分错,垃

圾分类的习惯也未能养成。究其原因,跟垃圾分类这一公共政策的传播效果不佳有一定关系。长期以来,政府公共政策的发布与传播始终带有计划经济时代的烙印,面临着传播渠道单一、过分依赖组织传播;反馈机制缺乏,不注重对社会公众的研究;宣传色彩浓厚,单面政策解读等一系列问题。重量不重质,政府对政策的宣传推广往往力度大、成效差,这主要体现在宣传的雷同性、传播者的高高在上、不考虑受众的心理、政策解读不具体等方面,致使我们固有的宣传优势反而变成了令公众"心理逆反"的劣势。

垃圾分类处理在技术或者管理上并没有太大的问题,关键是如何做居民的工作,这是一项复杂的社会性工作。过去我们在考虑问题时视野不够开阔,往往把注意力集中在了硬件设施的完善上,忽略了公民公共环境意识的培养,在政策传播上又过于强调义务、责任,忽略了市民主动性的发挥,而市民的主动参与才是决定垃圾分类能否有效开展的核心和关键所在。

关于垃圾分类的宣传引导作为一种说服过程,主要有两种基本的心理诉求方式,即理性诉求与情感诉求。理性诉求主要是"以理服人",通过给受众提供事实性的信息,通过说理达到改变受众态度的目的。而情感诉求主要是"以情感人",即传播者利用受众的情绪和情感活动规律,使受众产生情感上的共鸣,进而产生传播者所预期的舆论引导效果。在现实生活中,人们根据外界对象是否满足需要会产生不同的主观体验,富有感染力的传播内容往往具有更好的舆论引导效果。情感诉求在广告策划中得到了很好的运用,从某种意义上讲,广告就是一种特殊形式的舆论引导。心理学研究表明,生动的能激发情感的刺激更容易进入头脑,在编码时受到更完全的加工。

美国心理学家欧文·贾尼斯长期从事传播与态度改变领域的研究,他通过实验研究发现,引发信息接收者情绪不安或恐惧的诉求,更能引起信息接收者的注意力并激发他们改变态度。然而,只有当受众确认信息与己相关甚至是严重的威胁,而提出的行动建议是容易、可行、有效时,受众控制危险的动机才能被诱发。相反,虽然潜在的威胁使受众心生恐惧,但所传播的信息如果没有提供有效阻止威胁的建议,或建议不明确、太困难、过于费时、代价高昂时,受众可能就会倾向于控制恐惧,或通过不由自主地否定、转移注意、防御性逃避来降低恐惧感。①

据杭州市民情民意办公室对试点小区1200户居民家庭进行的生活垃圾分类工作评价调查看,经过相关部门和媒体的高频率宣传后,对垃圾分类的重要性表示认同的市民达98.3%,但仍有37.7%的市民把产生的所有生活垃圾混装到一个垃圾袋中。从心理学角度分析,每个人对自己的行为都会有意无意地寻找理由以取得内心的平衡,部分市民对于自己不积极的垃圾分类行为,列出的"理由"主要包括:一是太麻烦;二是垃圾桶标志不够清楚,易搞错;三是运输中的混装和后期处理不配套;四是周围人都没有这样做;五是家里的剩余垃圾袋浪费可惜(调查显示,有38.5%的市民认为普通的塑料袋很多,先把那些垃圾袋用完再说,4.5%的市民认为专用垃圾袋质量较好,可留作他用);六是担心政府实施这项政策的决心有变而导致半途而废。调查表明,有38.9%的市民希望了解分类后的垃圾是否得到处理,23.4%的市民希望了解垃圾分类的进展情况。

在人们还没有形成良好的垃圾分类习惯时,外在的一些负面因素易成为他们放弃的理由。基于此,有关部门及主流媒体应及时制定有针对性的说服策略,而不是一味地将其归之于市民的素质问题。如果采用干湿二分法进行垃圾分类(第三章将详细阐述),市民所列出的前三个"理由"就能得到较好的化解。对其他几项"理由",政府也可采取相应的措施予以化解,如拍摄并播放垃圾分类具体做法的宣传片,传播垃圾分类"问题解答"以及日本、德国、巴西等国垃圾分类做法的相关视频,同时还可开展垃圾分类知识电视有奖竞答活动等。

这里特别需要强调的是,要进一步加强"限塑令"的执行力度。2008年6月1日,杭州开始执行"限塑令",规定零售场所必须有偿提供塑料袋。然而,与刚推出

---

① 贺建平:《恐惧诉求在公益广告中的传播效果》,《贵州师范大学学报》(社会科学版)2004年第2期,第32页。

时的热闹相比,时下的"限塑令"似乎已成一纸空文,除了大型超市严格执行"限塑令"外,农贸市场、街头摊贩和社区小店等地方,几乎感受不到"限塑令"的存在。这是市民怀疑垃圾分类"有始无终"的心理依据,家里有用不完的免费塑料袋也成为垃圾分类政策顺利实施的障碍之一。

政策传播中强烈的政治宣传意味,使人们理所当然地认为这只是政府要做的事情,自己只是被动地履行义务,使得实施垃圾分类的主体从积极主动的角色沦为被动应付的陪衬。由此可见,政策传播一定要去除那些多余的道德说教和过强的政治意味,使垃圾分类更贴近于人们的生活。用柔性的方式使人们在心理上真正接受垃圾分类,并以此作为自身的道德标准。此外,由于所要面对的垃圾分类主体是长期处理家务的老人、保姆等人群,所以要加强对这类人群的宣传力度,并让他们在实施垃圾分类中体验到成就感、自豪感。孩子的言语和行为往往能够推动一个家庭的细微改变,我们宜采取生动有趣的、易为孩子接受的形式,如介绍国外小朋友处理垃圾的方式,强化孩子的垃圾分类和环境保护意识。

根据垃圾分类主体的不同特点,可制作不同形式的公益宣传片,勾画我们将来所处的两种截然不同的环境:一种是垃圾堆积如山,污水横流,臭气熏天;另一种是蓝天白云,鸟语花香,垃圾得到有效处理和回收利用。人非草木,孰能无情,情感是人类生存不可缺少的一个部分,市民在宣传片情节的感染下,自然会联想自己的日常行为,强化自己的垃圾分类意识。

加强监督,适度曝光垃圾分类政策实施过程中的正面榜样和反面榜样。监督的对象既包括居民个人,也包括垃圾清运、后期处理的相关单位。对为垃圾分类献计献策并身体力行的个人、单位和小区给予大力宣传,在树立正面榜样的同时,对垃圾分类进行不得力的个人和单位适当曝光,以此表明政府的决心。

(五)未能发挥社会力量的协调配合及作用

从我国台湾的情况看,诸如"慈济"这样的宗教团体或其他社会力量对垃圾分类与回收起着积极的推动作用。这些社会力量的作用主要体现在三个方面。一是理念的传播。这类社会组织特别是宗教团体长期宣传的"惜福爱物""洁净大地"理念，为政府推行垃圾分类积累了广泛的民意基础。据了解，慈济旗下出版了不少相关图书和音像制品，潜移默化地强化环保理念。二是榜样的引领。在台湾地区，城市和乡村的街头常见的"旧衣捐赠箱"，大多是由宗教团体或社会福利机构放置的。居民将家中的旧衣服洗净后放到里面，这些团体会定期来回收，之后把它们捐助给需要帮助的人群或地区。从20世纪80年代起，慈济在台湾地区，共培养了7.2万名环保志工，设立了5400个环保点。在台湾地区的319个乡镇，几乎每一个地方都有慈济的环保点。这些环保点以及志工在各个环保点的所作所为起着榜样引领的作用。三是具体工作的分担。垃圾分类是一个庞大的系统工程，光依赖政府的决心和努力是远远不够的。慈济有自己的环保加工工厂，垃圾回收的终点便是工厂再造，销售所得投入慈善所用。慈济回收的塑料瓶曾被制作成了45万条环保毛毯，送达20多个国家和地区救助困难民众。[①]

在中国大陆，尽管鲜有类似"慈济"这样的宗教团体，但志愿者队伍在不断壮大。从当前看，志愿者构成主要是街道办、居委会工作人员，社区中老年居民以及在校大学生，社会总体参与度不高；志愿活动时间集中在周末，活动形式也较为局限。如能借鉴台湾慈济志工队伍模式，以街道办和居委会为主导，以社区居民为主体，建立一支专业的垃圾分类志愿者队伍，在志愿者构成上多吸纳在校学生、公职人员加入，并加强志愿者的业务培训，对垃圾分类和垃圾治理定能起到更好的促进作用。在台湾地区，刚加入慈济的义工一般都会着便服，经过半年左右的实践和学习便可以换上灰色制服，正式成为志工，再继续经过2—3年的实践后便可以进阶，换上蓝色制服。

除了志愿者的作用发挥不够，垃圾回收公司和回收人员在垃圾分类过程中的功能未能得到有效整合。从当前情况看，垃圾回收人员还基本停留于自发自律阶

---

① 周执、陈大宏：《台湾垃圾分类经验的大陆实践》，环卫科技网，2012年11月5日，http://www.cn-hw.net/html/china/201211/36350.html。

段,他们一方面促进了资源的回收利用,另一方面也由于其只顾挑拣可卖钱垃圾,对垃圾分类产生了一定的副作用(由于垃圾分类不到位,可回收垃圾与厨余垃圾等混杂在一起,垃圾回收人员会打开各个垃圾袋寻找可卖钱的物品,致使垃圾桶内的垃圾更加杂乱)。

与台湾地区不同的是,大陆城市几乎每个小区都有物业公司。物业公司对小区房屋及配套的设施设备和相关场地进行维修、养护、管理,维护物业管理区域内的环境卫生和相关秩序。在垃圾治理方面,目前大多数物业公司仅停留于清理垃圾。怎样充分发挥物业公司在垃圾分类和垃圾处理中的功能,值得研究。

总而言之,当前在垃圾分类与垃圾治理中,各种社会力量,甚至各级政府机构都还处在"各自为战"的阶段,只有对"碎片化"力量进行整合,才有可能真正收到事半功倍的成效。

垃圾分类与垃圾治理的
具体对策

第三章

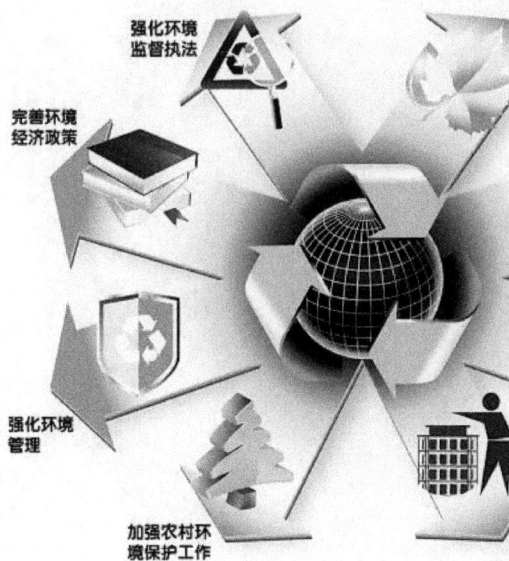

强化环境
监督执法

完善环境
经济政策

强化环境
管理

加强农村环
境保护工作

垃圾分类推行十多年来,尽管试行垃圾分类的城市越来越多,合理分类、资源回收的理念得到越来越多的社会认同,但从我国首批8个试点城市的垃圾分类实施现状看,无论是垃圾的前端分类与收集,还是垃圾的运输、处理和监管,都还存在不同程度的问题。

杭州市决策咨询委员会办公室曾委托浙江工业大学政治与公共管理学院吴伟强教授开展垃圾分类公共政策绩效的第三方评估研究。2015年7月,评估意见和对策建议以《决策参考》(专报)形式上报市委市政府主要领导。根据该评估报告,杭州这15年来的垃圾分类工作可以总结为"领导高度重视,政策基本到位,经费有力保障,工作轰轰烈烈,创新层出不穷,城区高度覆盖,市民高度认同,但实效低下,评价不高"。课题组对实际收回的3500份有效调查问卷进行分析,结果显示,居民对垃圾分类的自我评价中,家中分类率为10.5%,公共场所分类率为11.5%,市民表示满意和基本满意的只有27.4%。《人民日报》曾以"杭州探索生活垃圾分类15年'处理'跑不赢'增长'"为题进行报道,指出:杭州垃圾分类工作自2000年实施以来,每年的垃圾平均增长速度保持在10%以上,然而垃圾末端处理能力却毫无增长。15年后,试点还在"试点",与一个现代高效的分类回收体系相比,依然有不少距离。[1]垃圾分类面临着流于形式的风险。

基于当前垃圾分类的问题与困难,以及国(境)外垃圾分类与垃圾治理的成功经验,并结合我国的实际,本书提出以下具体对策:

---

① 陈文文:《15年,"处理"跑不赢"增长"》,人民日报,2015年5月6日.http://zj.people.com.cn/n/2015/0506/c186327-24752566.html。

一、高度重视

本书第一章已经对垃圾分类与垃圾治理的重大意义做了充分的阐述。垃圾分类与垃圾治理不仅仅是解决迫在眉睫的垃圾围城的问题的方法,其更长远的意义在于提升人民群众的生活质量与幸福感,倡导并形成健康的生活方式,提升地域品牌、改善中国的国际形象,夯实国家未来发展的基础。

中共十八大以后,中央成立了全面深化改革领导小组,负责改革的总体设计、统筹协调、整体推进、督促落实。2012年12月31日,在十八届中共中央政治局就坚定不移推进改革开放进行第二次集体学习时,习近平同志指出:"改革开放是一场深刻而全面的社会改革,每一项改革都会对其他改革产生重要影响,每一项改革又都需要其他改革协同配合。要更加注重各项改革的相互促进、良性互动,整体推进,重点突破,形成推进改革开放的强大合力。"

加强改革的统筹协调是全面深化改革的关键。垃圾分类与垃圾治理是一项系统工程,涉及分类回收、运输、加工利用和处理等诸多环节,不仅需要政府主导、部门配合,更需要社会支持、公众参与。当前各地垃圾分类与垃圾治理成效不明显的一个重要原因是政策和措施缺乏统筹性、整体性和协调性,"创新层出不穷"但停留于个别的创新,无论是法律保障、分类标准、后期处理、宣传发动还是各种社会力量的协调配合都存在着"碎片化""短视化""部门化"的状况。

为此,我们建议各地高度重视,将垃圾分类与垃圾治理作为"十三五"规划的重要内容进行研究和部署,在省级层面对垃圾分类标准、分类投放要求、分类减量的促进措施、垃圾运输与处置、管理部门及其职责、监督管理和法律责任等进行整体研究,以有序推进垃圾分类与垃圾治理工作。

部分城市的垃圾分类已走过17年的历程,如果继续停留于"试点"、停留于各地自发的"探索",不但垃圾分类与垃圾治理工作无所作为,而且将严重损害党和政府的公信力。前面也提到，2008年6月1日起，杭州曾推行"限塑令"，规定零售场所必须有偿提供塑料袋。然而，与刚推出时的热闹相比，如今"限塑令"似乎早已成为一纸空文。我们在访谈中，多数居民认为垃圾分类也会像当年的"限塑令"一样"有始无终"，这也是居民对垃圾分类持观望心态、行为滞后于认知的心理依据。一而再再而三的"有始无终"必将严重损害政府的公信力和公众形象，阻碍公共决策的有效推进。

二、顶层设计

垃圾分类是一项系统的工作，如木桶原理，每一环都必须做好。据《南方日报》2014年6月报道，广州市城管委主任兼城管执法局局长危伟汉坦言，广州自2011年启动垃圾分类，但垃圾前端分类、收集、运输、处理、监管的流程仍不成系统，"想到什么干什么"[①]。

垃圾分类与垃圾治理是一项复杂的系统工程，在试点摸索十几年后，亟需反思其推进如"蜗牛爬行"的深层次原因，从制度上协同推进垃圾分类与垃圾治理工作的不断完善，从顶层设计出发进行"系统重置"。顶层设计包括两个方面，一是外部系统的支持，包括立法、执法、监督、税务等；二是内部系统的整合，包括垃圾前端的分类、中端的收集装运、后端的处理等。任何一个环节做得不到位，都有可能使其他环节的工作功亏一篑。

从外部系统来看，垃圾分类与治理需要政府多个部门的支持。我们在杭州余杭区南峰村访谈时，村书记说了这样一段话：

五十岁左右的人应该知道，小时候我们会把废纸废铁捡起来去卖，但现在为什么没有了呢？因为收购成本高了，没有利润了，所以就没有人收了。这就需要顶层

---

① 刘文慧：《"想到什么干什么"，中国大陆垃圾分类简史》，中国环境产业网，2015年2月7日. http://www.huanjingchanye.com/html/industry/2015/0207/2680.html。

设计给予相应支持,如果你是办纸厂的,你收购废纸,国家给你一定的补贴、免税等有利支持,那么企业有利可图了,你就会到社会上去收购废纸。塑料也是一样,小时候都是可以卖钱的,现在变成有危害的东西,说明在政策制定上存在缺陷。再比如各种灯具、充电器等,也可以通过税收杠杆鼓励制造企业自己回收,这不是某个行政区域能单独解决的,而需要国家发改委、税务总局等做好顶层设计。

再生资源回收利用体系不健全,制约了分类减量的出路:回收网络覆盖有限;再生资源利用渠道不畅,利益链断裂,直接影响源头分类;再生资源回收企业经营缺乏统一管理,行业规范、资质评定、回收利用途径和流向等缺乏统一标准和监管。

再比如过度包装的问题,如何建章立制以减少不必要的包装垃圾的产生?《上海市商品包装物减量若干规定》自2013年2月1日起施行,但确保该规定得到切实实施,也需要外部系统多个部门的支持配合。

从内部系统看,涉及垃圾分类与垃圾治理的各个流程都需要围绕"减量化、资源化、无害化"的原则进行顶层设计。没有科学、可操作的顶层设计和软硬件设施的支撑,生活垃圾分类就会停留在理论层面和动员阶段,无法向前推进。

顶层设计可分为中央和地方两个层面。中央层面首先要从组织机构角度解决多头管理的问题。其次是完善相关的法律法规建设,除了垃圾分类本身,还涉及每一类废物循环利用相关产业的政策、标准,整个循环利用产品的使用规范等。

北京市政府参事、国家环境监察员王维平曾在垃圾分类减量深圳高峰论坛上提出,顶层设计需要秉持一些原则:一是要有法律和政策的依据,政府要依法行政;二是要秉持系统性原则,就是后端决定前端,后端的产业链和设施条件不具备,前端的分类就可能失信于民,失信于社会;三是由简入繁的原则,有条件的先行,无条件的暂缓,防止烦劳群众;四是鼓励和强制相结合的原则,日本就有环保志愿者在垃圾站旁边坐着,今天该倒餐厨垃圾,若有违反,给你三次口头警告,五次就影响你办签证、就业等等。①

---

① 《顶层设计 基层创新 两手都要硬》,晶报,2016年11月10日. http://jb.sznews.com/html/2016-11/10/content_3658050.htm。

中国人民大学国家发展与战略研究院首席专家宋国君认为,政府可以从以下几方面开展工作:在法规上明确产品生产商的减量责任及消费者的分类责任,实施生产者责任延伸制、强制源头分类政策,促进垃圾减量;以特许经营的方式让服务企业承担回收处理工作,实现产业链规模效益;对垃圾填埋场、焚烧厂实施严格的排污许可证制度;建立资源回收资金,以资金的收益与支出来运转、调控整个系统;在管理各环节做到信息公开和公众参与。

上海市为解决垃圾分类与垃圾治理这一制约城市可持续发展的瓶颈,将从三个系统着手进行顶层设计:技术系统方面,以湿垃圾处理技术为重点,进一步提高垃圾无害化处理的水平和能力,同时,完善低价值可回收物和有害垃圾的专项回收及处置系统;政策系统方面,充分发挥政府在垃圾分类减量工作推进中的主导作用,在贯彻执行已出台的相关政策措施的基础上,积极推进垃圾分类地方性立法,研究单位生活垃圾处理费与推行分类减量挂钩的激励办法,逐步形成激励与约束并重的管理机制;社会系统方面,强化社会宣传和教育,继续推进以正向激励为主的居民日常分类投放激励机制,重点抓好思想教育和行为引导,着力提升市民对本市生活垃圾分类减量的理解、支持和主动实践。

顶层设计的目的是让垃圾分类与垃圾治理取得可持续的进展。对生活垃圾的分类标准、征收方式、处罚手段、回收企业减免税等方面进行统筹,并通过将垃圾分类行为与企业、居民个人的信用等级挂钩,与公务员等群体的绩效考核挂钩等方式,通过"去碎片化"的制度力量推进垃圾分类与垃圾治理,是顶层设计的意义所在。让企业有利润,让政府有业绩,让居民有实惠,才能形成良性循环。

过去十多年的实践证明,垃圾分类与垃圾治理完全靠政府,政府会失灵;完全靠市场,市场会失效。2013年11月召开的十八届三中全会曾明确提出"允许社会资本通过特许经营等方式参与城市基础设施投资和运营"。在处理城市生活垃圾方面,政府和企业之间以特许权协议为基础,彼此之间形成一种伙伴式的合作关系,并通过签署合同的方式来明确双方的权利和义务,以实现"多赢"的结果,这是

国内部分城市近年来所进行的探索之一。

杭州市余杭区政府曾在老余杭、塘栖、临平率先联合浙江联运知慧科技有限公司开展智慧垃圾分类项目。浙江联运知慧科技有限公司结合余杭区市容环卫部门、各相关街道、社区的实际特点配备了一整套智能垃圾分类设备。其中,以梧桐蓝山小区为例,整体项目实施是由智能垃圾袋发放机、垃圾分类箱、可回收箱3类硬件设备和智能垃圾分类云平台、"分好啦"公众服务平台组成。不过,对于该项目的成本、绩效、可复制性,目前还无法评判,有待进一步观察。

三、逐步优化垃圾分类标准

垃圾分类应该循序渐进、先易后难、逐步推进。

一项政策的实施效果,与实施主体行为的费力程度密切相关。实践表明,从现实情况看,要推广垃圾分类,不可能一蹴而就。如果一下子将分类标准定得过细,对长期以来习惯于混装垃圾的居民来讲,就会觉得麻烦,从而影响人们参与分类的积极性,进而影响分类收集工作的深入开展。

各个地方现有的垃圾分类制度大多存在"一步到位"的思想。从垃圾分类的标准看,在启动之初宜实施简便易操作的分类,过细过严的分类标准只会让居民望而却步、知难而退。目前诸如杭州这样的四分法(将垃圾分为厨余垃圾、可回收垃圾、有害垃圾、其他垃圾)看似不那么复杂,但在实际操作上存在着这样那样的问题。浙江工业大学吴伟强教授课题组(2015)根据3500份有效调查问卷的数据分析显示,市民认为垃圾分类效果不佳的原因,48.7%为"分类方法知晓度不高"。据杭州市民情民意办公室(2010)对试点小区1200户居民家庭进行的生活垃圾分类工作评价调查看,市民对于自己不积极的垃圾分类行为,最主要的"理由"是太麻烦。鉴于此,我们认为,在垃圾分类意识尚未形成、垃圾分类习惯尚在培养之时,垃圾分类标准宜粗不宜细,"干湿二分法"可能是最适合当前的分类标准。

垃圾分类的目的在于"减量化、无害化、资源化"。实施干湿二分法,把占比70%左右的厨余垃圾分离出来用作堆肥或饲料,可有效缓解垃圾焚烧或填埋的压力。把"干垃圾"与容易腐烂的厨余垃圾分离,有利于相关人员(如垃圾回收群体、小区物业)对可回收垃圾和有毒垃圾进行二次分拣,这样可以用较低的成本实现无害化和资源化的目标,避免可回收垃圾被焚烧或填埋后造成资源浪费,也可避免有毒垃圾焚烧或填埋后造成进一步的污染。

在城乡居民对有毒垃圾的认识提升到一定水平后,可在"干湿二分法"基础上添加"有毒垃圾"类别,在居民小区设置"有毒垃圾回收点",将二分法变成三分法。经过若干年施行后,随着居民分类意识提高和分类习惯的养成,再进一步细化垃圾分类标准,一定能取得积极的成效。这一成效不仅仅是垃圾分类与垃圾治理的实效,也体现为政府和居民在垃圾分类与垃圾治理中的内在成就感、自豪感、荣誉感。

苏联著名心理学家维果斯基曾提出"最近发展区"这一概念,认为学生的发展有两种水平:一种是学生的现有水平,指独立活动时所能达到的解决问题的水平;另一种是学生可能的发展水平,也就是通过教学所获得的潜力。两者之间的差异就是最近发展区。依据最近发展区的思想,教学目的的确立和教学任务的组织实施既不能局限于学生现有的智力发展水平,也不能超越学生潜在能力的上限。前一做法无助于学生潜能的发展,后一做法会产生拔苗助长的负效果。同理,垃圾分类既不能停留于现有的"混合""混装",无所作为,也不能超越当前的"国情""社情",一步登天。只有科学确立垃圾分类的"最近发展区",设置合理可操作的分类标准并适时调整,才能有序推进垃圾分类与垃圾治理工作的稳步发展。

从垃圾分类试点的场所看,也有一个先易后难的过程。一般来说,宜先在管理正规的党政机关、事业单位、农贸市场、商场、校园、酒店宾馆、小区等场所开展垃圾分类,保证分类垃圾得到分类处理,并通过分类处理体系建设促进垃圾分类长效化。在试点中积累经验,并发挥榜样示范效应,稳步推进垃圾分类区域由小到大、内容由简到繁和标准由粗到细。

这里需要特别强调的是,要控制垃圾分类试点的成本。杭州市委政策研究室副主任、市决咨办主任沈金华曾提出,宜在垃圾分类"三化"的基础上增加"低成本化"。的确,无论是垃圾分类与垃圾治理还是其他公共政策,要得到有效推行,除了政策本身的可操作性外,还需要考虑政策执行的经济成本。高额的执行成本,无论是由政府买单还是公民个体承担,都难以持续。十多年来,垃圾分类试点不成功或试点经验难以推广,一个很主要的原因就是成本太高。

根据浙江工业大学吴伟强教授课题组的调查,杭州主城区每年仅分发厨余垃圾袋就需财政投入2800万元。按每吨175元的清运费计算,2014年清运费支出为6.3729亿元,耗资巨大。一些创新措施存在投资额过大、难以维持的情况,如在余杭区崇贤街道紫欣华庭小区264户家庭试点的智能垃圾分类系统,仅在硬件设备投入、场地前期布置、宣传培训和日常维护上就累计投入资金11.83万元(未包括后续的日常巡检服务外包及社区管理经费)。清波街道在5个社区推广二维码系统,居民通过扫二维码领取垃圾袋,每年投入150多万元,但智能回收平台每月回收的垃圾却很有限。

本研究团队曾赴余杭区实地考察智能垃圾分类系统。在碧天家园,很多居民反映这种扔垃圾的方式操作的时候比较麻烦,有时卡忘记带了就没法打开垃圾箱,有的人就直接将垃圾扔在了地上,不过好在有专门的人员(无疑增加了人力成本,影响了推广的可能性)巡视,会把垃圾箱外的垃圾捡进去。理论上说,智能垃圾分类系统有助于提高居民的垃圾分类意识。通过该智能系统,每个居民扫二维码拿垃圾袋,垃圾分对了会有积分可以兑换奖品,分错了可以找到具体住户。然而,仔细观察发现,两个垃圾桶虽然在外面是分开的,里面却是互通的,如果一侧垃圾桶满了,一些人就会从里面将垃圾扔到另一侧的桶里。也有一些小区的智能垃圾桶是红外感应,不需要刷卡,但我们打开垃圾桶发现里面的垃圾还是混装的,垃圾分类依然没有得到有效的实施。经费投入与较低的绩效回报之间形成的巨大反差,说明高成本下的分类样板和模式必定难以持续。[1]

---

[1]浙江工业大学课题组:《杭州垃圾分类政策绩效第三方评估和对策建议》,2015年。

图3-1 杭州部分小区设置的智能垃圾桶
(图片来源：作者拍摄于2017年7月17日)

台湾地区台北市实行强制性垃圾分类按量计费的政策后，由于源头减量显著，资源利用率大幅提升，一方面市民所缴纳的垃圾费逐年降低，另一方面政府采取"有投入""有产出""有收益"的政策，实现了"以垃圾养垃圾"的目标。对生活垃圾的处理费用，政府财政支出不升反降，并有结余，其所委托的机构和企业，均能持续盈利，真正实现了"三方共赢"的局面，这种"经济诱因"，正是垃圾分类能够持续推进的主要因素之一。

垃圾分类的理念与垃圾分类的行为是相互促进的。台湾地区台北市在垃圾分类工作的起步阶段(1998年3月—1999年1月)，只是在居民区两个里[①]进行5000户的试点计划，在此基础上，政府采取了强制性垃圾分类这一重大举措，要求台北市所有住户必须按照政府有关部门的规定，对所产生的生活垃圾按"可回收""厨余"

[①] 古时五家为邻，五邻为里。台湾地区的里相当于大陆的居委会，里长对应的就是居委会主任。

"一般"三大类进行源头分类（1999年1月—2000年1月）。经过近一年时间的运营，政府决定将垃圾费从原水费中剥离出来，运用经济杠杆来调动全民分类的积极性，对居民垃圾处理费的收取由原来的"定额制"改为"从量制"，即"垃圾费随袋走"（2000年7月—2001年1月）。自推出垃圾分类按量计费政策后，以往街道垃圾桶周围脏、乱、差现象基本消失，背街小巷也干净整洁，再也无人乱扔垃圾，在市民中普遍形成了"爱物惜物""为地球""为人类""低碳生活"的先进理念，改变了居民的传统生活习惯和乱扔垃圾的陋习。

四、全面推行干湿二分法

垃圾分类标准的制定必须依据居民的心理和习惯，既要科学合理又要简便可行。作为垃圾治理最前端的垃圾分类，采取什么样的分类标准既关系到垃圾分类能否得到有效实施，也与后端的垃圾处理方式紧密联系在一起。垃圾分类并不是越细越好（理论上可行），也不能照搬照抄国（境）外的分类标准。20世纪70年代，日本在实行垃圾分类的初期，生活垃圾只分为可燃烧与不可燃烧垃圾两类，如今一般被分为八大类，细化程度和复杂程度早已远远超出最初的设想，更重要的是，垃圾分类的意识与方法早已完全融入了日本人的生活，成为日常生活的一部分。

垃圾分类不仅仅是意识问题、理念问题，它还是操作问题。除了媒体宣传和学校环保教育外，当前国内城市还鲜见通过发放垃圾分类手册等途径具体指导居民实施垃圾分类的做法。在日本，为了让市民正确为垃圾分类，政府会免费发放《垃圾分类手册》。此手册长达27页，条款更是有518项之多。里面烦琐地介绍了各种日常用品的分类，如：口红属"可燃物"，用完的口红管则属"小金属物"；袜子一只属"可燃物"，两只且没被穿破则属"旧衣料"；领带洗过晾干才属"旧衣料"，否则又是"可燃物"……真是细致到家了。初到日本的外国人在到居住地政府进行登记时，会领到当地有关垃圾分类的宣传册等说明文件，这类宣传册通常包含多种语言。

对于社区新入住的居民来说,一般在入住第一天就会收到有关垃圾分类的说明和垃圾收集日的时间表。此外,日本有的行政区会在年底给每一家住户送上第二年的垃圾投放"年历",上面配有各种类别垃圾的漫画,帮助人们进行垃圾分类,并在日期上用不同颜色注明垃圾收集日的具体信息。

在垃圾分类的初始阶段就实行细致的分类,显然不符合中国国情。基于我国现阶段城市化水平、双职工的家庭结构、市民生活方式等方面的考虑,我们认为,在垃圾分类的初级阶段采取简便易行的干湿二分法,若干年后等居民基本养成垃圾分类的习惯后,再制定进一步的细分标准并予以推广实施,是解决当前垃圾分类工作徘徊不前的有效方案。

所谓干湿二分法,就是把垃圾分为"干"和"湿"两类,"湿"指的是植物类和厨余类垃圾,此类垃圾具有含水率高、易腐烂的特点,不适宜焚烧或者填埋处理,而更适于发酵制肥料。"干"指的是除植物类、厨余类以外的其他垃圾,包括纸类、塑料、纺织物、废旧电池、过期药品等,这类垃圾中包含可回收垃圾、可燃性垃圾、有害垃圾等多种成分,需要先分拣,再分别处置。把垃圾分为"干""湿"两类比较容易被居民接受,推广难度较小、实践性较强。此外,从环卫部门的角度考虑,在较短时间内实现对"干""湿"垃圾的分类收集、分类运输、分类处理也相对容易,虽然这是最基本的"垃圾分类",却能给垃圾的后续处理带来巨大的便利。干湿垃圾分类模式的好处有以下几点。(1)成本低。建立这种垃圾处理系统并不需要政府大量投入资金,低成本的模式比较符合我国当前大多数城市的实际情况。(2)效率高。环保部门可根据干、湿垃圾的具体情况以及居民的作息规律,确定不同的收集时间,对于湿垃圾可隔天收集(天热时需每天收集),对于干垃圾,可每周安排2—3次收集,提高垃圾收集的效率。(3)居民易于接受。由于仅仅是将垃圾分成两类,便于居民的理解和操作(陈玉婵,2009)。当然,对于新交付小区,可针对建筑垃圾较多等特殊情况做出相应的补充规定。

上海市对垃圾分类标准的调整从某种程度上证明了干湿二分法的可行性和有

效性。最近十几年来,上海的垃圾分类标准经历了多次变脸。[①]一开始,上海采取"一市两制"的分类法——在焚烧厂服务地区实行"废玻璃、有害垃圾、可燃垃圾"的分类方法,在其他区域实行"可堆肥垃圾、有害垃圾和其他垃圾"的分类方式。自2007年起,上海又在居住区开始实行"玻璃、有害垃圾、可回收物、其他垃圾"四种分类方式,对应的垃圾桶颜色分别为绿色、红色、蓝色和黑色。2011年,上海在一些居住区推进以"干湿分离"为基础的"2+X"模式。2014年5月1日起,上海再将垃圾分类标准微调为"可回收物、有害垃圾、厨余果皮(湿垃圾)、其他垃圾(干垃圾)"四类。上海市有关部门表示,之所以将先前的"四分法"简化成"干湿二分法",一个重要的原因就在于,此前的分类效果不明显,市民在处理垃圾时无所适从。如何分类都搞不明白,分类工作怎么能真正落到实处呢? 各地垃圾分类的经验教训告诉我们,分类标准简单易操作是关键,同时还应顺应垃圾处理方式和技术的新发展。

北京市从2013年12月1日起开始试行生活垃圾按袋计量定时定点投放,居民只需将每天产生的生活垃圾分成其他垃圾和厨余垃圾两类,分别用相应的垃圾袋装好,在指定时间段内投放到指定的垃圾收集点。这实际上也是干湿二分法。

杭州虽然对生活垃圾采用四分法,即用红、黄、蓝、绿四色垃圾桶分别对应有害垃圾、其他垃圾、可回收垃圾、厨余垃圾,但清洁直运车只分别清运厨余垃圾和其他垃圾,因为红色垃圾桶中的有害垃圾量很少,蓝色垃圾桶的可回收垃圾有废品回收市场。

据黄宝成等人(2011)对杭州市生活垃圾分类收集实施情况的调查与分析得知,厨余垃圾占到生活垃圾总量的51%。广州市居民生活垃圾中的厨余垃圾占总量的比值在56%—71%之间。[②]厨余垃圾含水量可达60%—80%,如果与其他垃圾混合,既浪费卫生填埋空间并导致大量渗漏液产生,又影响垃圾焚烧的效率,还会因腐烂较快影响垃圾分拣工人和周边居民的身体健康。此外,干湿二分法还可避免因废品回收人员对垃圾桶的翻捡造成垃圾的散落和环境的污染。本来,作为垃

---

① 蔡新华:《上海垃圾分类标准五次"变脸" 新标准将分四类》,中国环境报,2014年3月4日. http://www.cenews.com.cn/xwzx2013/hjyw/201403/t20140304_765343.html。

②《详细介绍李坑生活垃圾焚烧发电厂》,道客巴巴,http://www.doc88.com/p-58866010083.html。

圾资源化利用主力军的拾荒者,由于垃圾未进行干湿分类,却成为垃圾分类的干扰者,居民原本分类包装的垃圾袋常常被拾荒者弄得凌乱不堪甚至洒落一地。

当前,国内大多数城市将生活垃圾分为四类:可回收垃圾、有害垃圾、厨余垃圾、其他垃圾。以杭州市为例,这四类垃圾中除了厨余垃圾,其他三类所占的比例不到一半,特别是有害垃圾所占比例最低,仅为3.1%(陈玉婵,2009)。因此,对干垃圾经由环卫部门运送到分拣中心后细分,再根据各种垃圾物的成分,分别进行再循环利用,同时对有害垃圾进行特别处理是可行的。

从垃圾分类的目标看,实施干湿二分法,即可比较容易地实现垃圾“减量化”的目标。在此基础上,对干垃圾中的可回收垃圾进行二次分拣,“资源化”的目标也就实现了。如果居民小区设置“有毒垃圾回收点”,并做好对有毒垃圾、建筑垃圾和大件垃圾的预约处理,则“无害化”的目标也能实现。最重要的是,通过这一简单易行的分类,大大节约了垃圾分类与垃圾治理的成本。高额的成本注定垃圾分类难以持续推进。

台湾地区垃圾分类与垃圾治理工作有许多亮点,其中最主要的一条就是遵照垃圾分类这一行为本身的客观规律办事,对塑料、电子、玻璃、纸张、金属、衣物等生活垃圾按其物质属性进行“大类粗分”。为了增加其附加值,对同类物质属性的垃圾,又再次进行“同类细分”,做到“物尽其用”,将垃圾资源利用发挥到了极致。

由此可见,全面推行干湿二分法,是现阶段打破垃圾分类“试而不行”魔咒的有效方法。

五、城乡联动

将农村垃圾分类工作提上议事日程,促进城乡垃圾分类与垃圾治理工作的一体化和良性互动,既是这项工作统筹性、整体性和协调性的体现,也是顶层设计的重要内容。

农村的生活垃圾主要有两大块。其一是来自附近城市的生活垃圾,它包括两类,一是运往农村焚烧或掩埋的垃圾,二是偷运并倾倒在农村的垃圾。垃圾焚烧厂或掩埋点大多设置在城郊接合部,附近居民尽管对来自城市的垃圾造成的问题表示不满,但由于政府和相关企业的管理越来越规范,垃圾污染的风险一般可管可

控。比较棘手的是第二类垃圾。本书第一章曾谈及一些地方、一些单位会采取不法手段,将垃圾偷倒在附近农村的僻静处。2016年7月,据新华网等媒体报道,北京市房山区河北镇将军坨景区的"垃圾山"有十几米高。从上海嘉定偷运到江苏海门的垃圾达数千吨,不但散发着刺鼻的臭味,甚至还有化工垃圾赫然在目。查询百度新闻,发现类似的事件层出不穷(如图3-2);其二是农村日益增长的自产垃圾,随着生产生活方式的变化,农村的生活垃圾种类和数量都发生了很大的变化(后文再述)。此外,随着农民生活条件的改善,在一些经济比较富裕的农村,几乎家家户户都在进行住房改造,拆旧房、盖新房,产生了大量的建筑垃圾。再者,随着城市企业的大量外迁,一些高污染、高耗能企业逐渐转移到城郊和农村,企业员工产生的生活垃圾以及大量的工业垃圾让农村的垃圾治理形势变得更为严峻。

图3-2 百度查询"偷倒垃圾"相关新闻
(图片来源:网络)

居住在农村或熟悉农村的人都能亲身感受到,近十多年来随着农民物质生活水平的不断提高,农村产生的生活垃圾数量持续递增,垃圾种类也不断增多。在浙江农村,尤其是在城郊接合部的富裕农村,垃圾污染问题尤其严重。在过去以农业为主要谋生手段的生活方式下,农村生活垃圾多以就地消纳为主,厨余垃圾主要用来饲喂畜禽或回田循环利用,加之生活水平所限,垃圾产生量通常较少,对环境影响不是很大。但是近年来,农民生活水平有了大幅度的提高,生活用能中木柴、秸秆使用开始减少,庭院养殖越来越少,原有的饲喂循环模式已经不再适用。再加上包装废弃物、一次性用品废弃物明显增加,如半成品食品包装袋、婴儿使用的一次性尿布、妇女卫生用品及一次性塑料制品、农用地膜、药瓶、电池、电脑耗材等,使农村居民生活垃圾中难降解有机物质所占的比例日益增加。受限于经济发展水平、政府资金投入、农民生活习惯和环保意识等诸多因素,目前,农村大量生活垃圾无法再利用,垃圾处理一般采取就近原则,随意倾倒于村前屋后的空地、河道及沟渠,处置方式仅为露天堆积,垃圾问题已成为影响村容村貌和新农村发展的主要因素之一(于晓勇、夏立江、陈仪、王浩民,2010)。

过去,"垃圾围城"是人们关注的焦点,而农村环境问题往往受到忽视。由于我国农村面积大、人口多,垃圾消纳处理问题十分突出。据住建部数据显示,中国农村约有6.5亿常住人口。仅生活垃圾部分,若按每人每日产生0.5千克计算,一年就可产生约1.1亿吨垃圾,这还不包含农村地区产生的建筑垃圾、工业废料。此外,据统计,全国农村生活垃圾的无害化处理率仅为同期城市生活垃圾无害化处理率的九分之一。[1]两组数据对比表明,农村垃圾生产规模大,处理能力严重不足,在环境治理上存在着明显的城乡二元"鸿沟"。

党的十八大将生态文明建设纳入"五位一体"中国特色社会主义总布局,要求"把生态文明建设放在突出地位,融入经济建设、政治建设、文化建设和社会建设各

---

[1]《"垃圾围村"困境怎么破解?》,环卫科技网,2015年11月25日. http://www.cn-hw.net/html/china/201511/51423.html。

方面和全过程"。区域协调发展,城乡协调发展,是全面建成小康社会的必然要求。习近平总书记在十八届五中全会上强调:"要采取有力措施促进区域协调发展、城乡协调发展,加快欠发达地区发展,积极推进城乡发展一体化和城乡基本公共服务均等化。"当前,农村垃圾采用"属地管理"方式,平级的各个村委会缺乏相互合作,留下治理和监管的空白。同时,在城乡二元社会结构的长期影响下,政府部门和社会组织对农村环境污染治理的投入和管理重视不够,缺乏统一的政策、指令,缺乏相应的治理设施以及财政补助或者支撑。因此,城乡联动,促进城乡垃圾分类与垃圾治理工作的统筹,势在必行。

除了城乡协调发展和新农村建设的要求,统筹城乡垃圾分类与垃圾治理工作也是适应城市化进程中大量农村人口流入城市的现实需要。改革开放以后,经济的发展需要大量的低成本劳动力,同时政府更加注重保障农民权益,农民可以更加自主地分配生产和扩大流动范围,进城务工经商成为农村剩余劳动力的首选。人力资源和社会保障部研究数据表明,2010年全国农民工总数已超过2.4亿。由于成长经历、工作性质等方面因素的影响,进城务工人员在很长一段时间内还保留着原有的农村生活习惯。这些生活习惯,如随地丢抛果皮纸屑,不但不利于城市的垃圾治理,而且容易引发进城务工人员与城市居民的冲突。如今,在城市公园、路边、街头特别是城郊接合部经常可以见到随处乱扔的生活垃圾,尽管这不全是进城务工人员所为,但至少可以说,进城务工人员原有的卫生习惯是城市垃圾治理的阻力之一。

六、提升生活垃圾后端处理能力

据杭州市城管委统计数据,近10年来,杭州市区生活垃圾年均增长率为9.01%,但生活垃圾末端处理设施几乎零增长。天子岭作为杭州唯一一座垃圾填埋场,承担着杭州主城区约98%垃圾末端处置任务。更让当地政府压力如山一般大的是,原计划可以使用24.5年的天子岭垃圾填埋场,按照现在的填埋量计算,使用寿命仅剩下4年。除了日益增长的垃圾量,垃圾分类不到位也是产生这种现象的重要原因之一。[1]

垃圾分类的目的是垃圾治理,垃圾后端处理的方式和能力直接关系到垃圾分类的积极性和成效。从现有各类相关调查看,垃圾治理中端的垃圾混装和末端的垃圾处理不当都是居民垃圾分类不积极的重要因素。

垃圾处理最原始的方式是直接填埋。在直接填埋之后,又产生了降低环境影响的卫生填埋。为了实现资源回收和垃圾减量,又发展出了市政堆肥和焚烧。堆肥需要相对无毒无害的有机物,最好的对象是家庭餐厨剩余物;焚烧则不欢迎高水分和低热值的组分。因此,堆肥和焚烧是两种互补的垃圾处理方式。

堆肥需要回收有机物生产有机肥。无论是干湿二分法还是其他分类标准,都把厨余垃圾作为单独的一类,而且厨余垃圾所占生活垃圾的比重一般超过50%。然而,与垃圾占比不相适应的是,作为厨余垃圾主要去向的垃圾堆肥,我国相应的处理能力显得不足。一方面是垃圾产量不断攀升,另一方面是分类处理能力捉襟见肘。

厨余垃圾产生量大,如果处理设施建设跟不上,垃圾分类终将流于形式。以杭州市为例,全市日均厨余垃圾产量约为600万吨,但处理能力仅200万吨。在无法完全实现有效分类处理、无奈一埋了之的现状下,就算全体市民都做好分类,也必然沦为"伪分类",这将极大地损伤居民垃圾分类的积极性,损害政府的形象。

堆肥产生的有机肥是发展有机农业、规模化生产有机产品的重要原料,具有较高的价值,市场上销售的有机肥价格高达数百元一吨。

然而,由于垃圾分类不彻底,市政堆肥生产的有机肥,其商品化成本较高,挤压了堆肥的盈利空间。因为高品质的有机肥需要高品质的堆肥原料,剩饭剩菜里掺杂一张餐巾纸理论上都是杂质。此外,堆肥需要专门的转运物流进行运输保障。

---

①黄珍珍:《填埋空间日益减少4年后杭州市区垃圾往哪倒?》,浙江日报,2016年7月4日. http://huan-bao.bjx.com.cn/news//747844.shtml。

在垃圾分类率不高的情况下,生产高品质的市政商品堆肥面临着收运不足、单位原料成本过高、产量过低而有机肥价格偏高等一系列问题。可见,堆肥功能的发挥与前端的垃圾分类质量紧密相关。垃圾分类精准、垃圾堆肥市场化能力强,两者就相互促进,否则就起着相互阻碍的作用。对于那些管理水平不高的城市来说,与其专门腾出一个车队运输只有部分社区居民分类的少量厨余垃圾进行堆肥,费了老大劲还不能保证挣钱,还不如把全部垃圾合并一车拉去填埋或者焚烧。

2013年,在全国1.73亿吨被清运的城镇生活垃圾中,只有不到2%用作堆肥处理。相对于厨余垃圾在生活垃圾中的占比来说,堆肥的功能远远没有发挥。这极大地影响了生活垃圾减量化目标的实现。

在台湾地区,居民会将厨余垃圾分为熟厨余和生厨余垃圾两种,熟厨余垃圾经高温蒸煮灭菌后用作养猪饲料,生厨余垃圾则用作堆肥。在我国大陆,加速建设厨余垃圾资源化处理设施,加强厨余垃圾等易腐有机垃圾的分类处理,迫在眉睫。

此外,还要大力提高焚烧能力。从当前以及今后很长一个时期看,焚烧是垃圾治理的主要选择。然而从垃圾产生量看,国内很多城市的焚烧能力缺口较大。据广州市资源环保考察团2013年对台湾地区的实地考察看,全台湾地区有24座焚烧厂,满负荷焚烧量可达24000吨/天。而广州垃圾产生量是13000吨/天(全包含),焚烧量却只有1000吨/天,李坑二期投产后也只有3200吨/每天。[①]

杭州市的焚烧能力也远远跟不上垃圾增长速度。2014年杭州每天平均用于焚烧的垃圾为3658.6吨,其中主城区垃圾焚烧率仅23.2%。主城区生活垃圾年增长10%左右,如按现有垃圾焚烧总量计算,到2020年全市日均垃圾总量将增至1.2万吨,届时天子岭垃圾填埋厂将封厂,焚烧处置能力将严重不足,缺口将达到5144.6吨/天。浙江工业大学吴伟强教授在提交给市决咨委的调查报告中建议,通过技术改造、改建、扩建现有的垃圾焚烧厂,尽快扩大生产规模及提高处置能力。

---

① 光头的阿加西:《台湾地区考察垃圾分类处理见闻》,新浪博客,http://blog.sina.com.cn/s/blog_635b8e1601018doj.html。

垃圾焚烧可以产生热能和电能。然而,垃圾焚烧的主要经济价值不在于回收热能和电能,而在于减少垃圾填埋量,降低垃圾填埋场高昂的土地成本。目前,全国各地的垃圾焚烧厂,其最重要的盈利来源,不是来自于发电收入,而是来自于城市财政支付的高达30—150元每吨的垃圾处理费。

与垃圾堆肥一样,垃圾焚烧也需要精准的前端分类,如果垃圾中含有过多高水分、低热值的组分,就必须在燃烧过程中增加部分助燃材料,同时炉内温度过低会导致烟气超标,这些都将增加垃圾焚烧的处理成本,降低发电效益。

在以量计费的收费方式下,垃圾焚烧厂每接收一吨垃圾,就可以从财政中获得相应的补贴。对于以特许经营方式运营的垃圾焚烧厂来说,从企业盈利最大化的角度考虑,如果电能和热能不再是焚烧厂的主要盈利来源,环保部门对烟气的排放又缺乏足够严格的监管,那么,垃圾分类和前端减量的积极性就会下降,尽管前端分类也有助于垃圾焚烧厂降低成本和故障率。通过我们对垃圾焚烧厂的实地考察得知,由于垃圾分类做得不够或垃圾混装,在垃圾焚烧时会加大对焚烧炉等设备的磨损,而且垃圾中的布条等物容易缠绕焚烧炉造成设备故障乃至停运。对社会来说,垃圾分类不彻底,还会降低可回收垃圾的利用率,增加有毒垃圾对土壤和地下水造成污染的概率。

七、充实物业管理职能

谈到垃圾分类与垃圾治理,不得不提及我国台湾地区垃圾不落地的做法。所谓垃圾不落地,就是马路上不设垃圾桶,垃圾车每天定时开到社区门口,在伴随着《少女的祈祷》或《致爱丽丝》音乐声的垃圾车到达后,居民自行将分类好的生活垃圾倒入车内的垃圾桶,如若错过了就只能等下一次垃圾车来临。如果居民在非规定的时间段乱扔垃圾,将会面临处罚。"垃圾不落地"政策始于20世纪90年代末的台北,现已推广到整个台湾地区,该政策实际上包含先后实行的四合一资源回收、垃圾"零废弃"和强制

垃圾分类等内容。自"垃圾不落地"政策施行至今的十余年时间里,台湾地区每人每日垃圾清运量下降了50%以上,垃圾回收率从20%左右上升到50%以上。

台湾"垃圾不落地"政策的成果受到一些国际组织的肯定,并成为不少国家、城市的学习榜样,中国大陆部分城市就先后做过"垃圾不落地"的试点,但似乎都无疾而终。

广州市城管委在2012年4月6日发布消息,准备学习台北"垃圾不落地"的收运经验,在海珠区南华西街试点基础上,增加若干条街道试行生活垃圾的"定时定点,直收直运"收运模式。①具体做法是,垃圾车每天在规定的一个时间段停在小区里,居民听到随车配备的喇叭传来《让我们荡起双桨》之类的音乐声时,立即下楼将分类好的垃圾扔到相应的垃圾桶,过时不候。

2014年深圳也曾试行定点定时投放生活垃圾。《深圳市生活垃圾减量和分类管理办法》规定,在住宅小区实行定时定点相对集中分类投放垃圾,对不按规定分类投放、分类收集、分类运输和分类处理生活垃圾的单位和个人,将处以罚款。②

然而,这些东施效颦式的"垃圾不落地"举措注定难逃失败的命运。在广州,不少居民即使听到《让我们荡起双桨》的歌声,也不愿意应声下楼丢垃圾。在社区主要街道和新街内,有7户人家直接把垃圾袋扔到家门口,而不是投到分类垃圾桶或等环卫工过来再扔。③在深圳,试点小区中约有50%左右的高层居民反对撤销楼层垃圾桶。据《南方日报》记者实地走访试点小区发现,根据小区业主规模、楼层高低等不同情况,各小区定时定点投放垃圾模式的推进程度不一。在福田区彩田村,只在两栋楼"试点"进行了撤桶,但每栋楼都设置了垃圾集中投放点。在福田区华强北附近的海馨苑,小区中仍可以看到不少未撤走的垃圾桶。在罗湖区碧波一街附近的天景花园,上午十一时(并非规定的集中投放时间),仍有居民随手将垃圾丢进垃圾桶内。④

---

①《垃圾不落地政策能落地吗?》,羊城晚报,2012年4月12日,http://www.ycwb.com/ePaper/ycwb/html/2012-04/12/content_1367513.htm。
②胡明:《"垃圾不落地"政策如何"落地"?》,南方日报,2014年10月22日,http://news.sina.com.cn/c/2014-10-22/053931025261.shtml。
③同1。
④同2。

定点定时投放是国际上推行垃圾分类时一个比较通行的做法。提倡垃圾不落地，倡导公民将垃圾携带到家进行分类处理而不是随时随处丢抛，既可减少垃圾清理和处理的成本，也有利于居民摒弃因附近没有垃圾桶而随意乱扔垃圾的"心安理得"。据了解，上海街头共有82000多个废物箱，平均每80米就有一个；上海全市共有4万名环卫工人，每天作业16小时保洁，城市道路日保洁频次最高达10次以上，平均频次是香港特别行政区的3倍以上。就是在如此高密度设置废物箱、高频次清扫的情况下，马路上每天散落的垃圾仍然达到1800吨，占全市生活垃圾的10%。[①]

我们认为，推行定点定时投放、提倡垃圾不落地意义重大，而且具有可行性。中国大陆多个城市试点不成功的一个主要原因，是没有结合当地的实际情况。

与台湾地区相比，大陆的住宅小区具有不同的特点：

一是高层公寓较为普遍，人口较为密集。近年来，大中城市十几层甚至几十层的公寓楼比比皆是，人口密度很高，下午五六点钟以后小区内及小区周边道路停满私家车。如果照搬台湾地区的做法，肯定不具有可操作性。广州等地试点后有居民反映，所住楼层很高或者住宅楼位于小区深处（有的小区占地面积很大），根本听不到伴随垃圾车而来的音乐声。而且，即便居民们积极配合，听到音乐声就下楼扔垃圾，对于高层小区而言，一层一停的电梯也会让人情绪崩溃。此外，小区内外车来车往，道路拥挤，垃圾清运车在晚饭后的时间段里进出小区很容易造成交通拥堵。

二是双职工家庭较多，下班时间相对较晚。由于城市不断扩张，人们上下班的距离和时间也随之延伸，不少居民上下班在路上要各花一个小时。双职工家庭一般要晚上八点钟后才可能有空下楼倒垃圾，这么晚让垃圾车到各小区巡回收取垃圾，也不现实。

三是环境意识相对滞后，分类习惯尚未形成。在台湾地区，对于垃圾分类有严格的法律规定，对于不进行生活垃圾源头分类的，回收人员一律拒收，对于随便乱扔生活垃圾者，台北市专门成立了抓包大队和查办电话专线，一经查实，严格处罚。此外，从小学开始，孩子们就在学校接受严格的垃圾分类训练，居民们具有较

[①]《街头废物箱每隔80米一个 散落垃圾每天还有1800吨》，新民晚报，2013年7月26日。http://news.sina.com.cn/o/2013-07-26/150927780240.shtml。

好的垃圾分类习惯和环境意识。没有这些基础条件，"垃圾不落地"政策即便只是在很小的范围试点，也注定以失败告终，而每一次失败又必定损害政府的公信力，增加公众对垃圾分类的质疑和观望。

四是住宅小区普遍实行公司经营式的物业管理，具有一支稳定的、专业的物业管理队伍。而在台湾地区，普遍实行的是业主自营式物业管理，即社区的物业管理，既不由房地产开发公司负责，也不聘请社会上专门的物业管理公司负责，而是由楼房业主自己打理。

五是政府相关部门的要求可直达小区。由于基层党委、政府职能比较健全，且具有相当的动员力和执行力，与垃圾分类相关的各类要求能够通畅地到达小区物业和小区居民。

一些业内人士认为，"台湾经验"在大陆可能"水土不服"，生活垃圾定时定点收集的做法值得商榷。还有专家学者认为，在垃圾分类没有真正地、牢固地做好之前，不能贸然推广"垃圾不落地"的做法。

然而，垃圾分类与垃圾定时定点收集是相互促进的。前面阐述过生活垃圾24小时不间断投放的种种弊端，如果不实行定时定点投放，垃圾分类将失去监督，垃圾"资源化、减量化、无害化"的目标必定难以实现。基于上面列举的五个不同于台湾地区的具体特点，我们认为，充实物业管理职能，创新"垃圾不落地"办法，有助于将垃圾定时定点投放落到实处。

具体来说，可根据每个小区的规模设置若干生活垃圾回收点，再每天设置一个或两个固定的生活垃圾集中回收时段（每个时段为一小时左右），由物业公司人员检查垃圾分类情况并监督居民将垃圾投放到相应的垃圾桶中，同时撤销小区其他垃圾桶。当然，对于赋予物业公司新的职能和职权，需要通过立法的形式予以确立。也就是说，可通过立法赋予物业公司部分执法权，或将具有执法权的城管人员派驻小区，以处理居民的违规行为（如拒收未分类垃圾、对相关行为进行处罚等）。这样，既可避免现阶段部分试点城市出现的问题，也可增强垃圾定点定时投放的操作性，从而为实施更进一步的垃圾分类和垃圾治理打下坚实的基础。

八、健全志愿者管理

前文讲到,台湾地区垃圾分类所取得的成就与遍布各地的环保志愿者的榜样引领是分不开的。

志愿服务作为一项崇高的社会事业,已成为当今社会发展进步中不可或缺的一部分,是国际社会衡量一个国家和地区文明水平的重要标志之一。

在一些发达国家,志愿服务活动起步早、规模大,社会效益好,而且具有广泛的群众基础和良好的社会声誉,形成了一套比较完整的运作机制,已步入组织化、规范化和系统化的轨道。志愿服务活动几乎家喻户晓,志愿服务意识为大多数公民所接受,参加志愿服务活动已成为广大公民的自觉行动。据统计,英国有16万个志愿服务组织活跃在人们生活的各个方面。[①]50%以上的英国公民会参与志愿服务活动,平均每周服务时间约4小时。2010年,有26.3%的美国公民参与了志愿服务活动,约有6280万人,共服务81亿小时,创造了1700多亿美元的价值(李磊、席恒,2017)。

与之相比,我国的数据要落后很多。受联合国开发计划署的委托,2001年底,我国志愿服务计量课题组对全国六省市(北京、上海、新疆、四川、黑龙江和广东)的志愿服务状况进行抽样调查。调查发现,将近66%的志愿者每年贡献19小时或以下,18.1%的志愿者贡献20—71小时,8.7%的志愿者贡献72—187小时,7.7%的志愿者贡献188小时或以上。这意味着,我国少部分人贡献了绝大部分志愿时间。而且偶发性志愿服务现象突出,51.3%的人一年只参加一次志愿活动,5.4%的人只有在特殊时间或节日参加,1.7%的一周或两周一次,1.31%的人一个月或两个月参加一次。[②]2017年7月22日,笔者登录中国志愿服务网(http://www.chinavolunteer.

---

① Charity Commission. Reporting the Activities and Achievements of Charities in Trustees' Annual Reports. Charity Commission, 2002, London.
② 丁元竹:《我国志愿服务的发展现状与问题》,人民网,2004年12月1日。http://www.people.com.cn/GB/40531/40557/41317/41320/3025786.html。

cn/),据该网显示的全国志愿服务数据统计,目前我国志愿者总数为46752235,服务总时间为777695497小时,人均志愿服务时间16小时左右。上述调查和统计数据与我们熟悉的年度"学雷锋"活动相吻合,这类节日突击型的志愿服务从一个侧面说明了功利型、作秀型志愿服务的普遍性。而功利型、作秀型的志愿服务,既不利于志愿者长期坚持社会服务,也有碍于志愿服务的专业性。《人民日报》在报道志愿服务时强调志愿精神的塑造,以避免只是"一阵风"。[1]

当前,公众对于志愿者的了解还不多,而且停留于表面。在少数被服务对象的眼中,志愿者成了呼之即来、挥之即去的免费劳动力。在开展志愿服务活动时,经常会遇到对志愿服务不理解、不支持的状况。此外,由于志愿者工作的群众基础和社会声誉尚未确立,致使参与人员局限性较强,志愿者队伍结构不合理,具有一定专业知识的志愿者比较欠缺。在年龄、文化、技能等方面的组成结构也不尽合理:年龄偏大的多,年轻的少;岗下的多,岗上的少;文化程度低、技能单一的多,文化程度较高、拥有一技或多种技能的人员少等,导致志愿者的服务质量不高。调查发现,有不少志愿者连自己也说不清楚垃圾分类的具体要求。

图3-3 杭州新金都城市花园小区成立的支志愿者服务队,每天巡回检查垃圾分类情况和环境卫生情况

(图片来源:浙江日报,吴元峰摄)[2]

---

[1]《"做一件终生难忘的事"——志愿服务,怎样避免"一阵风"》,人民日报,2017年7月15日.http://www.chinavolunteer.cn/show/1037432.html。

[2] 陈文文:《15年垃圾分类之路收获几何 三问杭州城市垃圾分类》,浙江日报,2015年5月5日.http://zjnews.zjol.com.cn/system/2015/05/05/020635708.shtml。

志愿服务的水平和社会声誉跟志愿者队伍的科学管理分不开。当前,我国志愿者注册管理制度还不完善,无法实现志愿者资源的整合和建立志愿服务信息交流平台。对志愿者的培训尚未常态化,通常是临阵磨枪,等有了项目才临时召集志愿者进行简单的培训,有的甚至未做任何培训即上岗。对志愿者的激励机制不健全,许多人把志愿服务等同于自愿服务,不需要任何的激励和保障,甚至可以免费使用。

基于此,2012年10月,民政部出台《志愿服务记录办法》,明确规定,志愿者组织、公益慈善类组织和社会服务机构应当安排专门人员对志愿服务记录进行确认、录入、储存、更新和保护,并接受登记管理机关或者业务主管部门对志愿服务记录工作的监督管理。志愿服务记录应当记载志愿者的个人基本信息、志愿服务信息、培训信息、表彰奖励信息、被投诉信息等内容。

志愿者参与志愿服务,尽管是一种奉献行为,但不可否认,在参与志愿服务过程中,志愿者也有自己的目的和追求。根据马斯洛需求层次理论,人们在物质生活的需求得到较好满足后,必定会寻求更高层次的心理满足,而参与志愿工作,既可从助人过程中与他人分享快乐,又可发挥自我潜能,追求工作以外的成功感、成就感,在为社会做贡献的同时实现自我价值。

近年来,随着中国改革开放和国家对于可持续发展战略的重视,中国国内产生了一批以保护环境,提高公民环境意识为宗旨的非政府组织。据了解,仅"自然之友""地球村""绿家园志愿者""北京大学爱心社"等民间环保志愿者组织就有志愿者近万人。在垃圾分类与垃圾治理过程中,如何充分利用这些志愿者组织,发挥志愿者的榜样引领作用,提高其服务社会的效能,是我们必须要给予关注的。

前文我们谈到,自20世纪80年代起,光是慈济就在台湾地区培养了7.2万名环保志愿者,这些志愿者遍布台湾地区319个乡镇的5400个环保点,每个环保点的志愿者都起着榜样引领的作用,有力地促进了当地垃圾分类与垃圾治理工作的推进。当然,在台湾地区,志愿者的贡献不仅仅在于具体参与垃圾分类,他们对诸多

相关政策的成功实施起着积极的推动作用。比如:正是民间团体最早要求政府将厨余垃圾列为法定回收物;正是得益于台湾地区反焚烧联盟的联署,促使"立法院"和"环保署"检视垃圾焚烧的相关政策。此外,各种各样的NGO在社区开设零废弃管理课程、进行小区厨余回收的推广……公民组织的这些行动,是政府推动"垃圾不落地"的重要助力。由此可见,环保志愿者和志愿者组织不仅仅是参与具体的垃圾分类,也不仅仅是监督政府的环境行为,更重要的是参与垃圾分类和垃圾治理的相关决策并在政策实施过程中引领社会大众,传播正能量。

作为社会的一员,我们在做出某个决定或实施某个行为前,常常需要一个"参照物",就如判断一个物体是运动还是静止,需要先选取另一个物体作为参照标准。参照群体(Reference Group),是指社会成员中用做参照对象的群体,人们通过对参照群体的认知与评价,形成自己的价值规范和调整自己的社会行为。

早在20世纪中期,人们就已开始了对参照群体影响的研究。海曼(Hyman,1947)在对社会地位进行研究时曾首先采用"参照群体"这一术语,询问被访者会将自己和哪些群体或个人进行比较。帕克和莱辛(Park & Lessig,1977)认为参照群体是"与个人评价、追求或行为有重大关联的,真实的或虚构的个体或群体";比尔登和艾泽尔(Bearden & Etzel,1982)称"显著影响个体行为的个人或群体"为参照群体;穆蒂尼奥(Moutinho,1987)认为参照群体是"对个体的态度、信念及决策产生关键影响的个体在确定决策标准时所参考的实际的或想象中的个人或群体";韦伯斯特和菲尔克罗斯(Webster & Faircloth,1994)在他们的著作中将参照群体定义为"个体在自我评估和形成态度时将其作为参考架构的个人或群体"。

参照群体对人们的影响,通常表现为三种形式,即行为规范上的影响、信息方面的影响、价值表现上的影响。行为规范上的影响是指由于群体规范的作用而对人们的行为产生影响。比如我们在宣传中将严格执行垃圾分类的人作为榜样,受到周围人的赞许和尊敬,利用的就是群体对个体的规范性影响。信息方面的影响指参照群体成员的行为、观念、意见被个体作为有用的信息予以参考,由此对其行为产生影响。比如,我们会通过电视或网友评价,以更好地了解哪些是有毒垃圾以及有毒垃圾会对环境产生怎样的危害。价值表现上的影响指个体自觉遵循或内化参照群体所具有的信念和价值观,从而在行为上与之保持一致。个体之所以在无需外在奖惩的情况下自觉依群体的规范和信念行事,主要是基于两方面力量的驱动。一方面,个体可能利用参照群体来表现自我并提升自我形象;另一方面,个体可能特别喜欢该参照群体,或对该群体非常忠诚,并希望与之建立和保持长期的关系,从而视群体价值观为自身的价值观。

美国心理学家阿尔伯特·班杜拉(Albert Bandura)所提出的社会学习理论从另一个角度强调榜样的作用。该理论认为人的多数行为是通过观察别人的行为及其行为结果而习得的。获得什么样的行为以及行为的表现如何,有赖于榜样的作用。榜样是否具有魅力、是否获得奖赏、榜样行为的复杂程度、榜样行为的结果,以及榜样与观察者的人际关系都将影响观察者的行为表现。

班杜拉认为,由于人有通过语言和非语言形式获得信息以及自我调节的能力,使得个体通过观察他人(榜样)所表现的行为及其结果,就能学到复杂的行为反应。也就是说,在观察学习中,学习者不必直接做出反应,也无须亲身体验强化,只要观察他人在一定环境中的行为,并接受一定的强化便可完成学习。

班杜拉认为榜样学习包括四个相关联的过程。(1)注意过程。如果没有对榜样行为的注意,就不可能去模仿他们的行为。注意过程决定了学习者在大量的示范事件面前观察什么、知觉什么、选取什么。班杜拉认为,能够引起人们注意的榜样常常是因为他们具有一定的优势,如更有权力、更成功等。另外,学习者的知识经验、认知能力、已经形成的知觉定式和期待等,也是影响其选择此信息而放弃彼信息的因素。由此可见,专业的、受人尊敬的志愿者在垃圾分类与垃圾治理中的重要性。(2)保持过程。人们往往是在观察榜样的行为一段时间后,才开始模仿他们。要想在榜样不再示范时能够重复其行为,就必须将榜样的行为记住。因此需要将榜样的行为以符号表征的形式储存在记忆中。(3)动作复现过程。观察者只有将以

符号形式编码的示范信息转换成适当的行为,才表示模仿行为的发生。这是一种由内到外、由概念到行为的过程,这一过程以内部形象为指导,把原有的行为成分组合成新的反应模式。要准确地模仿榜样的行为,还需要必要的动作技能,有些复杂的行为,个体如不具备必要的技能是难以模仿的。(4)强化和动机过程。班杜拉认为学习和表现是不同的。人们并不是把学到的每件事都表现出来。是否表现出来取决于观察者对行为结果的预期:预期结果好,他就愿意表现出来;如果预期将会受到惩罚,就不会将学习的结果表现出来。也就是说,学习者的模仿行为是在足够的动机和激励作用下才出现的。

观察学习是通过观察榜样的示范行为进行的,因而榜样的条件会影响学习的效果。班杜拉认为理想的榜样应具备五个条件:(1)榜样的示范要特点突出、生动、鲜明,才能引起学习者的注意;(2)榜样的示范要符合学习者的年龄特征;(3)榜样的行为对于学习者来讲要具有可行性,即学习者能够做得到,这是最基本的条件;(4)榜样的行为要具有可信任性,即相信榜样做出某种行为是出于自身的要求,而不是具有另外的目的;(5)榜样的行为要感人,使学习者产生心理上的共鸣,这样学习者才会表现出相类似的行为。

这对我们的启示是,要尽量塑造"邻家"榜样的形象。在榜样宣传中,相似性越大,榜样成功与失败的事例越具有说服力。基于此,我们应多塑造邻家大爷、邻家大妈、邻家男孩、邻家女孩这样的普通人榜样,"高不可攀"的榜样反而无益于人们成就动机的激发。

其次,要突出榜样的示范点,淡化榜样的无奈。在传播榜样事迹、塑造榜样形象时,一定要突出传播者所倡导的、需要受众学习且受众能够学习的示范点,榜样不能"高高在上",让受众感觉到无法学习,更不能因过于强调榜样行为实施中的艰难险阻而淹没了榜样的示范效应。

我们经常看到这样的报道:见义勇为的英雄身受重伤,需要大笔的医药费,而被救者却在英雄最需要帮助时消失得无影无踪,或翻脸不认账。更有甚者为了突出英雄的勇敢无畏,在报道中强化英雄行义时的艰难险阻,在做好事时无人肯伸援手,英雄如何单挑独斗歹徒等。传播者的初衷本想揭露、抨击、批判那些"丑陋"的社会现象,希望大家学习英雄,争当英雄。但如果这类信息接触多了,受众很容易告诫自己"多一事不如少一事"。这与传播者的本意显然是相悖的。这一现象被西方传播学者称为"飞去来器效应"①(Boomerang Effect)。

此外,志愿者的榜样引领要遵循"小步子"原则。一方面,我们深感社会上好人好事太少,乱丢垃圾、排队加塞、损害公物的行为却屡见不鲜;另一方面,我们推出的榜样人物太过于"高大上",如徒手接住坠楼孩子的吴菊萍、一腔热血洒高原的孔繁森、用脚趾修手表的王建海,都是普通人"高不可攀"的学习榜样。社会的进步需要全社会的努力,社会风气的改善需要"步步为营"的推进,因此,媒体可借鉴强化理论的"小步子"原则,不吝传播人人能践行的普通好人好事,以此为起点,逐渐引领社会风气的好转。

九、推动垃圾分类从被动应付向主动参与转变

只有改变传播理念,改进传播策略,才能改善传播效果,塑造公民精神,推动垃圾分类从被动应付向主动参与转变。

1. 激发公众的内部动机,变"要我做"为"我要做"

从实地调查可知,现有垃圾分类之所以徘徊不前,一个很重要的原因是传播不到位,一方面政府总是强调居民的义务和配合,而另一方面居民却认为"那是政府的事",无法激发居民的内在动力。

鼓励公众参与,激发公众的内部动机,变"要我做"为"我要做",是公共政策顺利实施的最理想路径。如果要持久地推动人们的某种行为,就必须激发其内部动

---

①"飞去来器":为澳洲土著使用的一种抛出去又会重新回来的武器。在社会心理学中,人们把行为反应的结果与预期目标完全相反的现象,称为"飞去来器效应",即"飞镖效应"。这好比用力把飞去来器往一个方向掷,结果它却飞向了相反的方向。苏联心理学家纳季控什维制最早提出这一概念。

机。公众参与、激发公众的主人翁精神,让公众成为社会管理的主人,就是最有意义的内部动机。换言之,让公众体会垃圾分类的乐趣及其对生活满意度的贡献,是垃圾分类持续稳步推进的当务之急。

动机是引起、维持和促进个体行动的内在力量,了解人类动机,是理解人类行为不可或缺的途径。从动机的诱发因素来源于内还是外这一角度可以把动机分为内部动机和外部动机。内部动机是指人们对于活动本身感兴趣,活动使人们获得满足,是对自己的一种奖励与报酬,无需外力作用的推动。而外部动机则是由于活动以外的刺激对人们诱发出来的推动力。

格瑞(Greene)等人曾以四五年级的小学生为被试验对象进行实验研究,内容是玩数学游戏。在实验开始前,由老师向学生介绍四种新的数学游戏。实验分为3个阶段。第一阶段是基准期,即一个为期13天的基础练习时期,学生玩游戏没有奖赏。第二个阶段是为期13天的奖赏期,每个学生可以通过玩游戏获得奖赏(发披萨饼的奖券),玩游戏时间越长,奖励越多。第三个阶段为后续期,也是13天,这时取消了奖励。每个阶段都由研究人员记录每位学生玩每种游戏的时间。实验发现,学生每天玩游戏的时间在三个阶段明显不同。在基准期,15—26分钟;在奖赏期,23—30分钟;在后续期的后半段,则由最高时的22分钟下降到5分钟。

在基准期虽然没有奖励,但学生玩游戏的时间不少,这表明他们对这些具有智力挑战性的数学游戏有一定的内在兴趣。进入奖赏期后,学生玩游戏的时间明显增加,这说明奖赏很有作用,提供了有效的外部动机诱因。在后续期,与基准期一样没有奖励,如果学生们对游戏的内在兴趣保持不变的话,他们玩游戏的时间应该与基准期差不多,但是实验表明后续期的游戏时间明显减少。

如何解释上述现象呢?是不是学生们玩了一段时间之后,对游戏没有了新鲜感?但格瑞等人的另外一项研究排除了这种可能性。他们认为这种现象是"过度辩护效应"(Overjustification Effect)的表现——奖赏期的体验,使学生们觉得自己之所以玩这些游戏,是为了得到奖励,这样一来就忽略了开始时的内在兴趣,因此到了后续期,学生们可能会想:玩游戏已经不能得到奖励了,为什么还要玩呢?

奖励是一个很有效的动机诱因,在实际生活中,它已经成为一种重要的普遍的社会机制。企业经常使用奖励来调动员工的工作积极性,家长也使用奖励来提高子女的学习积极性,但奖励并不是万能的,而且有一定的负面作用,即它可能降低人们对于活动本身的兴趣。

受此启发,在公共政策推出的起始阶段,可适当使用奖励或惩罚等外部手段,激发公众的外部动机。关于外部动机的相关研究表明,通过奖励或惩罚等激发外部动机的手段,有助于增加行为主体的相关行为。比如,杭州市在推行垃圾分类时曾采取实名制、媒体曝光、物质奖励等奖惩手段,取得了一定的成效。但外部动机产生的激励效应维持时间较短,如果奖惩力度不大,其作用很快就会消失。在运用外部奖励时,要以精神奖励为主,物质奖励为辅。本书第二章中,我们曾经提到,有些小区由于取消了物质奖励或者不再发放免费垃圾袋,人们的积极性立刻下降,认为"既然政府不再重视,我们也没必要坚持",试点以来通过各方努力所取得的垃圾分类成效很快消失殆尽。

2. 运用不同的社会规范,逐步推进文明行为

从传播模式看,我们还基本停留于说教式的、口号式的宣传,传播效果与传播量极不相称。这源于我国长期以来的政治动员和群众运动模式,即通过宣传教育,改变或提高民众对已出台的政策方案的认识,以推动政策方案的贯彻落实。

本书第二章中曾提到,杭州自2010年实行第二轮垃圾分类以来,有关部门和各大媒体对垃圾分类工作的宣传非常重视,市城管办等部门采用设立宣传栏、开展主题活动、编写垃圾分类"教科书"、下基层演出、挂横幅等多种形式开展垃圾分类宣传,各大媒体也对垃圾分类进行了密集的报道。有些社区的宣传很有特色、很有创意,如用海报、展板、告知书、张贴画、分类手册等多种形式提高居民分类知晓率。上海市在此方面也有一定创新。上海市金山区的志愿者自创快板节目,用浅显易懂的方式宣传垃圾分类;青浦区开展废物利用手工作品比赛及展览;松江区在

小区车辆进出口起落杆上张贴宣传标识;长宁区制作了多语种宣传册,在小区内张贴"给力兔"卡通图示宣传垃圾分类;杨浦区把生活垃圾分类减量作为社区学习班主题开展宣传教育。①然而,这些努力总体而言都没有走出说教式、口号式、运动式宣传的窠臼,往往热闹一阵就偃旗息鼓了。

我们对中国知网上题名含"垃圾分类"一词的文章进行搜索和分析,结果发现,这些文章主题广泛,包括各地的试点情况介绍、对垃圾分类现状的调查总结与思考、对垃圾分类管理模式的探讨、国外垃圾分类情况的介绍、垃圾分类知识等,但几乎没有研究者从传播学角度探讨这一公共政策的传播及其效果。一些文章在"总结与思考"部分,也只是泛泛地提到了要加强垃圾分类工作的宣传以提高市民的参与意识,但没有就如何进行政策宣传展开进一步的探讨。

公共政策的传播要改变以往一般化、程式化、表面化、绝对化的问题,就必须加强对传播对象的调查分析和对政策宣传报道的策划,采取形象化、故事化、生活化的传播方式。从心理学角度看,人在本质上是一个"认知吝啬者",因此政策传播要尽可能用形象化的语言、用生动易懂的图片来表达公共政策的专业内容。人人都是故事迷,故事也是人类文明传承的最基本的方式。好的故事,容易记忆,也容易打动别人。所以,在垃圾分类与垃圾治理政策的传播中,如果将相关内容适当地用故事的形式表达出来,让公众明白这项政策跟其生活有什么关系,就可能更加吸引受众,从而提高政策的传播效果。

现在我们用规范焦点理论(The Focus Theory of Normative Conduct)来阐释随处可见的"禁止乱丢垃圾"的告示牌为什么不起作用。该理论是1990年由美国社会心理学家罗伯特·西奥迪尼等人(Cialdini,et al.,1990)所提出来的,认为人们做出很多"好"行为并不是因为有一个好的意识、态度或目的,而是主要受到社会规范的强大影响。

———————————

①《重视垃圾分类 共建美好家园》,东方网,2014年12月24日. http://gov.eastday.com/renda/dfzw/tsjx/rdw-yr/u1ai6055398.html。

社会规范是指群体成员理解的弱于法律效力的指导或限制行为的规则和标准（Cialdini & Trost, 1998）。规范焦点理论将社会规范区分为描述性规范（Descriptive Norms）和命令性规范（Injunctive Norms）。描述性规范指大多数人的典型做法，是社会规范的"实然（is）"层面。命令性规范指某文化下大多数人赞成或反对的行为标准，是社会规范的"应然（ought）"层面。描述性规范对行为的影响类似于从众行为的产生，大多数人怎么做，我就怎么做。这种行为的发生往往出于对周围情境的适应。命令性规范对行为的影响与社会评价联系在一起，人们倾向于对符合规范的行为给予认可或奖励，对不符合规范的行为给予否定或惩罚。因此，个体遵从命令性规范时会更多地考虑他人和社会的评价。

不同类型的规范对行为具有不同的影响。描述性规范对行为的影响常常是无意识的，人们不自觉地受到大多数人"行为"的影响，而不管这个行为是好是坏（Cialdini, Demaine, Sagarin, Barrett, Rhoads, & Winter, 2006; Nolan et al., 2008）。命令性规范往往通过强调一个行为的"好坏"引导人们做出好行为，减少坏行为，但由于社会评价为好的行为通常需要人们跳出自己的个人利益，因此更不容易发生作用。然而，命令性规范一旦发生作用，则能超越具体的情境，对行为具有广泛的导向作用（Reno, Cialdini, & Kallgren, 1993）。

在同一种情境下，如果两种类型的规范同时存在，并对行为具有不同的导向作用，就可能产生冲突。例如，在垃圾满地的环境中，树立"禁止乱丢垃圾"的告示牌，往往起不了多大作用。因为，满地的垃圾暗示了"很多人都乱丢垃圾"的描述性规范，容易引导个体做出乱丢垃圾的行为；而"禁止乱丢垃圾"作为命令性规范，试图引导个体做出不乱丢垃圾的行为。最终两种信息混在一起，对行为的导向产生了冲突（Cialdini, Reno, & Kallgren, 1990）。

一般来说，在一个给定情境中，人们往往会自动地寻找描述性规范以引导自己的行为，使描述性规范很容易成为注意的焦点（Cialdini, Reno, & Kallgren, 1990; Nolan et al., 2008）。甚至当描述性规范和命令性规范发生冲突的时候，人们遵从描述

性规范的几率也更大。例如,在游览动物园时,很多地方都有"禁止"给动物投喂食物的提示牌,但如果人们看到周围很多人"做出"投喂食物的行为,会很容易忽视"禁止"投喂食物的提示牌,"也做出"投喂食物的行为。

社会规范不仅影响乱丢垃圾行为,对垃圾回收行为也会产生类似影响。

舒尔茨(Schultz,1999)在加州选取605个独居家庭,向每个家庭发放垃圾分类回收箱,将垃圾分为报纸、玻璃、塑料、金属罐等类别。训练有素的研究人员不仅每天观察这些家庭处理垃圾的情况(是否进行了垃圾分类),还在每周一垃圾回收公司来收运垃圾前,检查计算他们的正确垃圾回收量。在获取这些家庭的基线数据之后,研究者用连续4周的时间对他们进行垃圾回收的测量和信息干预(将印有信息的卡片挂在每户家庭的门把手上),然后在干预之后的4周内继续进行垃圾回收的监测。

所有被试家庭被分为五组:①个人反馈组,干预信息为被试家庭过去一周、当前周和累积的垃圾回收参与率和正确垃圾回收量;②群体反馈组(即描述性规范组),干预信息为被试家庭所在社区在过去一周、当前周和累积的垃圾回收参与率和户均正确垃圾回收量;③信息组,干预信息为垃圾分类知识;④倡导组,倡导垃圾分类;⑤控制组。

研究结果发现,与控制组相比,个人反馈组和群体反馈组的垃圾回收参与率和正确的垃圾回收量在干预期内和干预4周之后都比基线值有明显的提高。例如,在群体反馈组,基线垃圾回收参与率为42%,干预期内为46%,干预后更是提高到50%。

该研究表明,只要将描述性规范信息反馈给人们,就能促进他们的垃圾回收行为。一份来自意大利的问卷调查研究也发现描述性规范对垃圾回收的行为意图有显著的预测作用,并且这种预测作用比命令性规范更大(Fornara, Carrus, Passafaro, & Bonnes, 2011)。由此看来,描述性规范和命令性规范对垃圾处理行为都有重要的影响,如能恰当地区别运用,将更有效地减少乱丢垃圾行为,加快垃圾分类与回收。

同时,媒体也肩负着重要的社会责任。需要注意的是,对于社会中不"规范"的现象,媒体不仅要履行监督的义务,把问题揭露出来;更要采取一定的方法,来倡导社会规范。目前,社会规范的倡导常常有"一厢情愿"的倾向,即简单地报道或者宣传,如公共场所内设立各种"禁止"标志、监督报道过于披露细节、口号式重复垃圾分类的重要性等等。这些手段,也许会吸引一定程度的注意力,但会给人们留下"大家都在做'坏'事"的印象,不利于形成积极良好的规范氛围。

十、培养市民接轨世界的环保理念

旧习惯的改变、新习惯的形成都不是一蹴而就的。垃圾分类与垃圾治理的推进,离不开科学、高效的培训教育。

垃圾分类不是从垃圾箱开始,而是从我们的头脑开始。二十世纪八九十年代,在公共汽车上吸烟、嗑瓜子、吐痰可谓"理所当然",如有人质疑,反倒是质疑者的不是。如今,若有人再在公共汽车上吸烟、嗑瓜子、吐痰,必定成为众矢之的,即便是在偏僻的农村也是如此。这就是观念的变化。

一般来说,观念的变化要滞后于物质的变迁。美国社会学家W.F.奥格本曾首先使用"文化滞后"这一概念。他认为,由相互依赖的各部分所组成的文化在发生变迁时,各部分变迁的速度是不一致的,物质文化的变迁速度往往快于非物质文化。就非物质文化的变迁看,它的各构成部分的变化速度也不一致,一般来说总是制度首先变迁或变迁速度较快,其次是风俗、民德变迁,最后才是价值观念的变迁。改革开放以来,人民生活水平迅速提高,各种生活垃圾也随之快速增加,但是居民的垃圾分类习惯并没有随之养成。面对社会变迁中的文化滞后现象,我们一方面要理性看待,另一方面也要直面问题,致力于压缩文化滞后进程,使得观念文化的发展尽可能地适应和跟上物质文化的发展步伐。

2016年中国GDP总量达到74.4万亿元,名列世界前茅,对全球经济增长的贡

献率超过30%。[①]货物贸易进出口总值24.33万亿元人民币,[②]出境旅游规模1.22亿人,接近日本全国的人口。[③]这几个指标有力地说明,中国已成为全球发展的重要力量,已成为世界大家庭的重要成员,与国际社会的交流协作日益紧密。也正因为如此,中国日益受到世界的关注,环境问题已成为世界关注的焦点之一,国民环境意识和环保理念的培养也已提上议事日程。

全民环境意识的形成和提高是实现环境保护和环境改善的根本前提。实施垃圾分类与垃圾治理,必须加强环境意识教育,培育市民接轨世界的环保理念。人是社会发展的主体,是实现人与自然和谐发展的担当者,人的价值观念和行为方式主导着可持续发展观的实施。环境意识包括两个方面的含义:其一是人们对环境的认识水平,即环境价值观念,包括对具体环境事件的看法、相关环境政策、知识的了解等;其二是指人们保护环境行为的自觉程度。我国资源与环境科学专家王民教授在总结当代东西方学者对环境意识结构划分的基础上,提出了较为全面的环境意识的结构模式。该模式将环境意识划分为横向和纵向两个维度。从横向看,主要包括环境认识观、环境价值观、环境伦理观、环境法制观和环境保护自觉参与观,其内容随着历史的发展变化而变化。从纵向来看,它包括知识、态度、评价、行动这四个既相互联系又层层递进的层次。无论从横向还是纵向维度看,对环境的认识水平与自觉参与环境保护行为都是环境意识不可分割且又相互促进的有机组成部分,即环境价值观念是基础,环保参与行为是本质。

---

① 李克强:《2016年GDP总量74万亿 就业超预期》,新华网,2017年3月5日. http://media.china.com.cn/cmyw/2017-03-05/992303.html。

② 《2016年海关数据及2017年中国外贸走势分析》,2017年2月3日. http://www.sinotf.com/GB/News/1003/2017-02-03/0NMDAwMDIxOTc0Nw.html。

③ 吴涛:《2016年中国出境游达1.22亿人次 人均花费900美元》,中国新闻网,2017年1月28日.http://news.xinhuanet.com/world/2017-01/28/c_129462417.htm。

　　青少年的环境意识是未来社会环境意识的表现形态。根据OECD(经济合作与发展组织)的环境研究报告,2—16岁是形成环境意识的关键时期。对于自我意识处于急剧发展时期的青少年来说,偶像的选择与崇拜可能对其生活态度甚至行为方式产生重要的影响。因此,研究青少年媒介接触的内容偏好与偶像选择,通过家庭教育、学校教育与社会教育的通力合作,对青少年进行接轨世界的环境意识和环保理念教育,不仅有利于扎实推进垃圾分类与垃圾治理,而且有助于培育面向世界、走向世界的社会主义接班人。

　　环保教育要从小抓起。在日本,孩子刚上幼儿园时,爸爸妈妈就会教他们精细的垃圾分类方法,从小培育孩子爱干净与保持整洁卫生的好习惯。很多学校会组织学生去垃圾焚烧厂参观,让他们了解,不同的分类会影响到垃圾焚烧转化率与资源回收再利用率。日本的动漫也不遗余力地宣扬环保,比如把破坏环境的角色描绘成大坏蛋等。受此启发,教育部门要将环保理念教育作为学校德育的重要内容,在学校大力普及环境知识和环保理念,教育孩子从小树立环境保护意识,以点带面,吸引父母邻里关注环保,在这种潜移默化的影响下,居民的生态环境意识得到了提高。与此同时,可将中小学生纳入环保宣传队伍,充分挖掘学生作为环境保护的宣传队和生力军的作用,提高学生的环保意识、环境文明素养和参与积极性。

　　群体压力对于个体自觉进行垃圾分类具有特殊意义。笔者曾在德国一所大学的学生公寓看到厨房间有多个垃圾桶,分别盛放不同的生活垃圾。有一中国留学生告诉我,初来乍到时因不重视垃圾分类而被邻居鄙视,羞愧之余颇受教育。人是社会性动物,有与人交往和被人尊重的需要。在教育中,可借助群体压力,通过所在群体对其成员形成的约束力与影响力,迫使人们遵循垃圾分类的相关规则。

　　环保教育应向农村延伸。长期以来,环保教育的工作重点一直在城区,对农村环保教育宣传工作重视不够。在城乡一体化发展、大力建设社会主义新农村的时代背景下,只有让农民树立强烈的环境意识,调动农民参与农村环境保护的积极性和主动性,才能真正全面实现小康生活的奋斗目标,全民环境保护意识才能得到普

遍提高。

要改变人们的观念和习惯,教育和培训必不可少。世界各地垃圾分类与垃圾治理成功的经验都表明,加强培训与教育是其中非常重要的一环。鉴于垃圾分类的具体特点和现有教育中存在的问题,心理学关于品德教育和知识分类的相关研究应该都对此有一定启发。

心理学一般认为,品德是由道德认知、道德情感、道德意志和道德行为等心理成分构成的有机整体。道德认知是指对道德行为规范及其意义的认识,简言之,就是对人对事做出是非、善恶等道德判断和评价。道德情感是伴随着道德认识所产生的一种内心体验,责任感、义务感、集体荣誉感、爱国主义等都属于道德情感,它是个人道德行为的内部动力之一。道德意志是在自觉执行道德义务的过程中,克服所遇到的困难和障碍时所表现出来的意志品质。在道德动机转化为道德行为的过程中,道德意志起着十分重要的作用。道德行为是人的道德认知、情感和意志的外在具体表现,是人在一定的道德意识支配下所采取的有道德意义的行动。道德行为是道德品质的重要标志。一个人的道德品质如何,不在于他能说出多少动听的大道理,而在于他是否言行一致,身体力行,以及他的道德行为是否具有一贯性。

由此可见,品德结构中知、情、意、行四种心理成分是彼此联系、互相促进的。光有道德认知而没有基于道德认知的情感和行为,就沦落成为心口不一的"伪道德";品德教育若停留于道德认知,就会培养当面说一套、背后做一套的"伪君子"。

前面我们曾强调榜样引领的作用,最重要最有效的榜样引领就是尊者、长者、领导者的言传身教。"听其言,观其行",如果榜样通过媒介所传播的关于垃圾分类如何重要的"言"与公众在日常生活中所观察、体验到的"行"相冲突,那么榜样的作用也无从谈起。班杜拉在论述观察学习过程中反应信息的传递时指出,不同的榜样示范形式具有不同的效果,用言语难以传递图像及实际行动所具有的同等量的信息,而且图像和实际行为的示范形式在引起注意方面比言语描述更为有力。传播者可利用不同类型的传播媒介,更立体、更生动地进行榜样传播,并通过举办多种公益活动发挥榜样的社会引领作用,更有效地起到弘扬社会正气、引领社会主义核心价值观的作用。

陈述性知识与程序性知识的划分是由美国认知心理学家安德森提出来的。所谓陈述性知识,是指关于事物及其关系的知识,是关于"是什么"的知识,包括对事实、规则、事件等信息的表达。如小学数学中的四则运算规则就属于陈述性知识,哪些垃圾属于可回收垃圾也是陈述性知识。程序性知识则是关于完成某项任务的行为或操作步骤的知识,是关于"如何做"的知识。它包括一切为了进行信息转换活动而采取的具体操作程序。程序性知识并不停留在人们仅能说说而已的状态。比如,关于驾驶的理论科目就是陈述性知识,而实际驾驶操作就是程序性知识;所背诵的四则运算规则属于陈述性知识,而实际运用这些规则解题就是程序性知识。显而易见,能在日常生活中熟练进行准确的垃圾分类是一种程序性知识。程序性知识建立在陈述性知识的基础之上,但又不停留于记住相关的规则和事实。任何知识的学习都要经过陈述性阶段才能进入程序性阶段。程序性知识的获得过程就是陈述性知识向技能的转化过程。练习与反馈是陈述性知识转化为程序性知识的重要条件。检验陈述性知识是通过看其能否被陈述和描述,而检验程序性知识则是通过看其能否被操作和实施。

由安德森关于陈述性知识与程序性知识的界定可知,在垃圾分类知识的教育培训中,不能停留于教育对象记住相关内容或能口头回答相关问题,而应能动手实际操作,而且要能达到自动化的熟练程度。这就要求及时调整培训方法,在培训对象基本掌握垃圾分类的规则后,通过反复练习、实训,一方面纠正垃圾分类中出现的错误,另一方面提升垃圾分类技能的熟练化程度。

十一、趁热打铁，坚持不懈，促成市民良好习惯的形成

垃圾分类习惯的培养是一个长期的过程，日本、德国以及我国台湾莫不如此。对垃圾分类这项公共政策来说，最初若干年的坚持至关重要。

垃圾分类与垃圾治理不只是政府的"公事"，也不只是市民的"私事"，更不是环保组织的"闲事"，它需要各方力量的默契配合，无论是政府、环保组织还是市民个人，都不能因这一政策实施过程中的挫折、波折而气馁，也不能因此而相互指责、相互推诿，而要有绝不放弃的决心，唯有如此才能在"曲折中前进"。

趁热打铁，巩固现有成效。《钱江晚报》资深评论员朱成方认为，在实施垃圾分类之初，人们特别是试点小区的居民对于垃圾分类尽管是陌生的，但却是信心十足的。遗憾的是，一段时间后很多小区的垃圾分类呈现出"雪崩式垮塌"的现象，垃圾分类成为一个"过了十多年仍迈不过去的坎"。

试点小区的居民可能都熟悉这样的"套路"：一开始声势蛮大，宣传视频在电视里海量播放、宣传海报在小区里到处张贴。然后，红、黄、蓝、绿的四色垃圾桶在小区一字儿排开，一叠叠绿色可降解的餐厨垃圾袋发放到居民手里，社区干部也隔三岔五地会到垃圾箱边现场指导一会儿。但就在"程咬金三斧头"劈出之后，电视、报纸上相关的新闻热闹过了，居民就渐渐不管不顾了。当然，社区干部不可能一天到晚像母鸡孵蛋一样都孵在垃圾桶边。似乎社区干部来得少了，物业也管得少了，垃圾分类的事也就只能"自生自灭"了。

有不少居民反映，在刚刚推行垃圾分类的时候，大多数人还是能够做到按照分类要求投放垃圾的，但由于没有趁热打铁，没有建立起垃圾分类常态化的工作制度和机制，后续的监管和指导没有跟进，一些贪图方便的居民没有按照垃圾分类的要求投放垃圾，渐渐地，这样的做法影响到周围其他居民，垃圾分类的"前功"就这么"尽弃"了。

浙报公寓是最早实施垃圾分类的试点住宅小区之一。垃圾分类试点一开始，报纸、广播、电视、网络、宣传栏……想得到的宣传方式都上了，社区干部还去试点小区现场指导。小区里原有的小小垃圾房拆除了，取而代之的是一排排颜色各异的垃圾桶。家家户户都发放了专门盛放餐厨垃圾的可降解垃圾袋，垃圾分类很快被大家接受。由于浙报公寓垃圾分类工作做得好，当时有一批批的社区干部前来参观，让小区居民很是自豪了一阵子。然而，一段时间以后，由于有不少业主发现开进小区的垃圾清运车将业主们分得好好的垃圾全部倒在一辆车里运走，不少居民对垃圾分类就变得马虎起来了，小区清洁工也不愿再站在垃圾桶前干二次分类的事了。[1]

及时反馈，促成市民良好习惯的形成。"反馈（Feedback）"这一概念源自电子技术研究，原意是指把电子放大器输出信号的全量或部分"回输"到放大器的输入端，增强或减弱输入信号的效应。后来该词被诺伯特·维纳（Norbert Wiener）移植到控制论中，指将系统的输出返回到输入端并以某种方式改变输入，进而影响系统功能的过程。信息加工心理学在阐述信息加工的流程和阶段时也突出强调反馈的重要性。

可以毫不夸张地说，"反馈"在一切科学技术、经济政治、管理领域，都是一个最基本的也是最重要的信息处理方法。在垃圾分类与垃圾治理过程中，准确了解公众的需要并及时回应公众呼声，具有重要的现实意义。

善用民意调查，检验垃圾分类与垃圾治理的成效。没有调查就没有发言权。无论是媒体的传播效果还是政策的实施效果，都必须进行科学的调查。只有公众的反馈，才是检验和衡量传播效果与政策实施效果最直接、最真实、最权威的标尺。

在教育心理学中有个概念叫形成性评价（如单元测验），英国形成性评价领域著名学者布莱克和威廉姆（Black & William）认为形成性评价与反馈是必然捆绑在

---

[1] 朱成方：《为杭州的垃圾分类"搭脉开方"》，2017 年 1 月 15 日. http://blog.sina.com.cn/s/blog_561256570102wrat.html。

一起的,只有当评价所搜集到的信息能够顺利有效地反馈给学生或教师,这种评价才可以称之为"形成性评价"。同理,管理是否有效,决策是否科学,关键在于过程管理中管理信息系统是否完善,信息反馈是否灵敏、正确、有力。科学的民意调查有助于全面且准确地收集公众对决策的意见、建议,而对公众意见、建议的及时回应,则有助于提高公众参与决策的积极性。这种多重反馈对于提高决策的科学性以及减少决策实施的成本具有重要的意义。

根据公众反馈,调整工作重心和应对策略。调整工作重心、改进工作方法,既是公众反馈信息的目的,也是政策制定方寻求和接受反馈信息后理应采取的行动。公众通过反馈向决策方表达自己的愿望、需求、态度和意见,希望决策方做出相应的调整和改变;而决策方只有通过受众的信息反馈,才能准确获悉现有政策方案存在什么问题,可以从哪些角度进行改进。一旦了解到现有政策方案与公众的期望之间存在哪些距离,决策方就有科学依据对政策内容和实施办法做出更有针对性的改变。

杭州市新一轮垃圾分类实施七年多来,取得了一定的成效,在市民中产生了一定的影响,但是如果市民的良好习惯得不到巩固,实施垃圾分类的市民群体得不到稳步地扩大,这一轮垃圾分类就很可能功亏一篑,这对政府的形象和执政能力评价都会产生极为负面的影响。

借鉴遗忘理论特别是艾宾浩斯关于遗忘规律的研究,我们建议应趁热打铁,巩固现有成效,促成市民良好习惯的形成。

心理学研究表明,一般来说,一个习惯的形成大致需要21天以上的重复。90天的重复,会形成稳定的习惯。习惯的形成大致分三个阶段:

第一阶段:1—7天左右。此阶段的特征是"刻意,不自然"。此阶段需十分刻意提醒自己,尽量找理由说服做好垃圾分类。

第二阶段:7—21天左右。此阶段的特征是:"刻意,自然"。此时虽然对垃圾分类感觉比较自然,但是一不留意,还会回复到从前。

第三阶段:21—90天左右。此阶段的特征是"不经意,自然",也就是习惯。这一阶段被称为"习惯性的稳定期"。一旦跨入此阶段,我们就已经完成了自我改造,垃圾分类就"习惯成自然",成为我们生活方式的一部分了。

心理学对于习惯的养成有很多研究,其中最有影响的是"强化说"。在行为习惯形成的初始阶段即"不自觉"阶段,及时有效的强化至关重要。当然,这里的强化既包括外部的奖励和惩罚,也包括行为主体的自我强化,在垃圾分类习惯的形成过程中,个体的成就感、自豪感就是具有积极意义的自我强化。此外,榜样学习和群体压力对于人们的垃圾分类从"强迫成习惯"发展为"习惯成自然"同样具有积极意义。

公众的风险感知与垃圾焚烧项目实施中的 *社会沟通*

第四章

继2014年杭州余杭发生针对垃圾焚烧项目的大规模抗议后,2016年浙江海盐再次发生抗议垃圾焚烧项目的群体性事件。公众将垃圾焚烧视为洪水猛兽,谈之色变。那么,影响公众风险感知的因素有哪些? 如何针对公众的风险感知进行社会沟通?

所谓群体性事件,是指由某些社会矛盾引发的,特定群体或不特定的多数人临时聚集形成的偶合群体,为争取和维护自身利益,或为表达诉求和主张,或为发泄不满而制造影响,对社会秩序和社会稳定造成重大负面效果的事件。群体性事件已成为当前各级政府必须面对且又难以彻底遏制的公共问题。近年来,因环境污染(包括潜在污染和显在污染)问题引起的群体性事件趋于多发、高发态势,比如因规划、建造垃圾焚烧项目而引发的群体性事件——项目所在地或周边居民为应对这一项目可能带来的潜在风险和危害而采取的集群行为。

环境污染群体性事件的发生和公众对政府和相关企业的不信任、信息公开与公众参与缺失、科学技术的"污名化"以及公众的风险感知等因素密切相关。风险感知是指个体对外界各种客观风险的主观感受与认知,它不等于风险本身。本章基于我们对2016年4月发生于嘉兴海盐的因垃圾焚烧项目引发的群体性事件的实地访谈,并结合对杭州余杭"5·10事件"的访问调查,试图探索影响公众的风险感知的因素,并据此提出社会沟通的具体建议。

一、事件回顾

2014年5月10日,杭州市余杭区中泰街道周边居民针对建设垃圾焚烧发电厂项目爆发大规模抗议。5月11日,杭州市召开新闻发布会对5月10日发生的抗议

活动和聚集堵路打砸事件进行情况通报,并承诺在没有履行完法定程序和征得群众理解支持的情况下,项目一定不开工。

2016年4月20日至21日,嘉兴海盐县经济开发区(西塘桥街道)部分群众因对海盐垃圾焚烧发电厂选址论证持反对态度,先后前往海盐县人民政府、经济开发区管委会等地聚集,并多次以堵门、堵路等方式表达不满。在这次群体性事件中,开发区管委会大楼窗户、大院电动门及门墩被砸,数辆警车不同程度损坏,多名警员和现场聚集人员受伤。

二、研究方法

2016年5月4日至5日,本研究团队赶赴海盐西塘桥街道进行实地访谈,访谈对象包括村民、村干部、外来务工人员、干警、开发区管委会相关机构负责人等,访谈人数超过20名。5月18日,本研究团队对余杭中泰街道的十几位村民和干部进行了访谈。访谈提纲见附录2。

三、研究发现

通过实地访谈,研究后有以下发现。

(一)垃圾焚烧项目与癌症发病率的联想放大了居民的风险感知

这几年,人们时常耳闻身边的熟人得了癌症或因癌症死亡,如果附近恰巧有污染工厂(居民切身感受到污染或只是污名化的项目),便很容易将两者联系在一起。我们访问了一位社区干部,得知村里并没有村民癌症发病率和死亡率方面的统计数据,只是感觉到患癌症的病人一年比一年多。退一步说,即便有癌症发病率和死亡率方面的统计数据且数据表明癌症发病率呈现增长趋势,也不一定就能证明两者之间的关联性。癌症病人增加的原因有很多,如居民的饮食、生活习惯等方面的问题。此外，随着医疗检测手段的发展，检测仪器比以前更先进更灵敏，癌症检出率也就更高。在山清水秀、没有污染工厂的山村，癌症病人也不鲜见，就是一个有力的证据。然而，只要周边存在污染项目，特别是企业排放的是公众可以感知的污水、臭气时，人们自然而然会忽略其他因素，而认准环境污染这一"元凶"。在百度上输入"垃圾焚烧"，显示的都是负面的内容，也就是说垃圾焚烧已经被污名化，如果有居民得了癌症之类的疾病，人们就会条件反射般地将之与周边的企业污染挂起钩来。家住海盐西塘桥街道海港花苑的一本地妇女告诉我们，她嫁到这里前得了感冒很快就好，但现在总感觉喉咙痛，感冒咳嗽时间也长了很多，这样的"挂钩"让人产生莫名的恐惧。

（二）"禁果效应"是公众风险放大的主要因素

我们的访谈请求常常遭到拒绝，由于种种原因，垃圾焚烧在发生过群体性事件的地方往往被视为"敏感"话题。研究者曾通过各种关系试图对垃圾焚烧厂所在地的乡镇干部进行访谈，但均遭婉拒。在余杭中泰，即便在事发两年以后，有关垃圾焚烧的话题仍很"敏感"。

在邻村一位村干部的带领下，我们走进中泰乡九峰村的一户村民家。家里只有两位70多岁的老人，男主人为基层退休干部，女主人为农民。见到老熟人（我们的向导），他们很客气，但一听说我们想了解垃圾焚烧项目，便立马表现出回避和抵触情绪。

被访者（妻子）：70多岁了，什么事情都做不了，烧烧饭，一日三餐管牢就好了，国家大事都不管。

被访者（丈夫）：我跟你说，我已经退休了，外面的事情我都不管。退休了以后呢就是自己身体顾牢，外出散步，外面的垃圾厂我们都进不去。老百姓会反映的，我们这种人嘴巴很严的，老实跟你讲啊，嘴巴很紧的，就算有情况也不会跟你们讲的。

在看到我们参与调研的学生拿着笔记本时，老人非常敏感，不客气地说：不要

记,记下来干吗?

我们耐心地跟老人介绍自己的身份以及研究的目的,老人仍很警惕地要求我们拿出介绍信,并戴上老花镜仔细"审阅"。我们将省里的课题立项文件也交给老人看,他才稍微有所放松。老人反复强调自己党员和基层干部的身份,有纪律要求,同时又流露出对该项目的不满情绪。从访谈过程与内容看,该老人内心始终存在作为基层干部与作为受影响村民双重身份的纠结。

被访者(丈夫):我的意思就是我的名字不要记。现在垃圾厂那边进不去的,都有特警站岗的,一道两道三道都站岗站牢的。

我们这个村三五年之后要搬到石门桥(音)那边,听说这里要变成工业园区。

访谈者:这样好像比较合理是吧?

被访者(夫妻):合理是合理的,但我们老百姓的意思是不要搬。我们住在这里几十年了,这么好的生态环境,其他地方是没有的。搬迁后,也不会有这么好的房子了(指农村独门独户的一幢楼),而是连成一片的小区了。

被访者(丈夫):我跟你说,老百姓如果说了一大堆不愿意的话,都没有用的,特警到处都站岗的,不可以讲的,像我们这种人更加不可以讲了。

被访者(妻子):特警、干部和群众对立了,老百姓还敢讲啊,讲了把你抓进去,当时抓了五十多个人。老百姓再也不敢谈了,你们可以试试看,下午有时间的话随便拉几个住户问问,肯定不敢讲的。

有位朋友曾自信满满地要帮我介绍一位乡镇干部,但这位朋友口里"从小玩到大、从没有拒绝过我"的乡镇干部,因为"禁止谈论这些内容"而明确表示拒绝。有一位要好的同事曾主动帮我联系他在该乡镇挂职时熟识的干部,也遭拒绝,就连"我们三个人坐下来喝茶,私下交流"这样的邀请也被婉拒。

垃圾焚烧、垃圾治理是一项立足当前、着眼长远的民生工程,本无敏感可言,然而,人为的各种禁令让公众的风险感知得以非理性地放大,并助长了不实信息的传播。

(三)污染项目的过度集中累积了居民的无奈、无助和愤怒

海盐县西塘桥街道毗邻平湖市,两个县(市)各有多家污染企业建在毗邻处,嘉兴市统筹的一些污染项目也建在这里。当地居民对附近的国家级化工园区、污水处理厂和造纸厂有很多的抱怨。这些企业有的不是海盐县的管辖范围,有的是十几年前招商引资过来的。访谈得知,县里几乎每年都有人大代表和政协委员提出整治这些污染企业的议案提案,但反映的问题未见大的改善,这也影响了老百姓对政府的信任度。每遇东南风,整个社区都能闻到臭味,夏天的时候臭味特别明显。辖区的派出所、开发区管委会的工作人员都证实了居民的说法。据街道干部介绍,这些企业的技改投入不少,设备也符合要求,但设备是否正常运作、排污标准是否达到国家要求则不得而知。一般居民拿不到也看不懂监测数据,对于企业或政府公布的监测数据缺乏信任。况且,季节、天气、气压、风向等因素都会影响环境数据,一天中的不同时段,监测数据也可能不同。

最近十多年来,老百姓的环境意识、健康理念不断提升,但他们对污染项目的抱怨、反映的问题始终得不到满意的回应,致使居民的负面情绪达到临界值。浙江在线曾在2015年9月28日报道了位于西塘桥街道的海盐滨海中学师生因难以忍受附近造纸企业的严重污染而戴口罩上课的情况,[1]中央人民广播电台等众多媒体报道或转发了这一新闻。[2]有一位被采访人说,"我们对环境的不满就像一个盆,水太满了,你再扎下去,就会溢出来"。还有一位被采访居民认为,"现在相当于小宇宙已经爆发,爆发以后你再去修复它,这个可能性不大,即便修复好了也都是裂痕,要么你强制,强压肯定可以的,但是老百姓很无助的"。

张书维等人(张书维、王二平、周洁,2012)运用实验室情景设计的方法,考察了集群行为的前提——群体相对剥夺,动力——群体认同、群体愤怒、群体效能,诱

---

[1] 施宇翔、胡昊、赵洁:《海盐最大造纸企业被测出严重污染 邻近中学师生戴口罩上课》,浙江在线,2015年9月28日。http://zjnews.zjol.com.cn/system/2015/09/28/020854587.shtml。

[2]《"师生戴口罩上课":污染企业被立案 校方曾反映数年无效》,央广网,2015年9月30日,http://china.cnr.cn/yaowen/20150930/t20150930_520024376.shtml。

因——触发情境对群体性事件的影响。对于西塘桥街道的居民而言,他们居住在同一行政区域且长期遭受环境污染之苦,具有较强的群体认同感。而且,由于周边污染企业密集,对环境污染的抗争又多年得不到满意的结果,因而群体剥夺感较强,群体中弥漫着强烈的不满情绪。垃圾焚烧项目的选址论证可被视为引发群体性事件的触发情境,在"人人都是受害者"的背景下,触发情境本身就足以导致个体参与集群行为。

(四)微信群使抗议活动更易组织,愤怒情绪更快传播

据我们调查,参与这次群体性事件的以年轻人居多,而这跟微信在年轻人中的普及存在关联。使用微信的人都知道,每个用户加入了若干个群,包括同学群、同事群、亲戚群等。在事件的酝酿阶段,即附近居民得知周边要建垃圾焚烧项目的当日(2016年4月12日选址论证公示),即有人开始在微信群里传播相关消息,有的人还开始组建名为"海盐垃圾焚烧"的微信群,传播各种信息。随着事件的发展,微信群很快达到500人的上限,因此相继又出现了"海盐垃圾焚烧1""海盐垃圾焚烧2"这样的微信群。群主既有本地人,也有外地人,但大多是二三十岁的年轻人。群成员复杂多元,大量陌生人被拉进相关的微信群。我们访谈了一位因参与群体性事件被刑拘后取保候审的年轻人,他曾被拉入3个微信群,每个群都有500人,群里的内容有文字,也有图片和视频,有的人通过微信现场直播开发区管委会门口冲突的场面,并号召大家"快点"赶过去参与抗议。4月19日后官方开始介入,要求基层干部当晚就去群主家做工作,让其立即解散相关微信群,如果不听规劝立即采取强制措施。

由于临时组建的微信群成员复杂,信息缺乏把关,谣言、个人情绪化的语言充斥,一些人将其他事件中的警民冲突图片粘贴过来,一些人误传2014年暂停的杭州九峰垃圾焚烧项目将搬迁到这里,焚烧产生的二噁英怎么怎么厉害等,加剧了人们的恐慌、抵触和愤怒情绪。

与微信群的热闹传播相反,当地官方媒体(包括自媒体)并没有对项目情况、工艺情况、污染控制措施、监测手段、利弊得失等进行精准的传播。选址公示前，没有相关人员通过入户沟通、开座谈会等方式了解当地干部群众的意见建议，致使当地居民有"被蒙蔽""被欺负"的感觉，"事情闹大了才来解释"是被访谈者说的比较多的一句话。这种情绪与先前对环境污染的长期不满相叠加，放大了群体性事件发生的强度，增加了其发生的概率。

（五）信息获取的选择性让同类事件具有负面强化效应

人们对信息的接收、理解和记忆具有选择性。我们在访谈中询问居民是否听说过其他地方的垃圾焚烧项目，几乎所有的访谈对象都知道2014年5月发生在杭州余杭区的群体性事件，有人甚至说"闹得很大的，国外都知道"。我们询问他们是否了解国外的相关情况，有被访老人说有的国家垃圾焚烧项目都禁止了。余杭九峰事件后，则少有人对于白岩松在央视"新闻1+1"节目中所展示的位于日本大阪美若童话的垃圾焚烧厂有印象，即便将节目内容呈现给他们看，他们也认为我们这里做不到。[①]

美国心理学家斯金纳提出的强化理论从某种角度可以解释近年来围绕PX项目、垃圾处理等议题时呈现出的"聚众—闹就停"现象。一方面，决策部门应高度重视决策前的科学调查，避免拍脑袋决策带来的执行困难，另一方面也应坚持法治精神和程序规范，否则"一闹就管用"的强化效应不但会影响公共决策的实施，也会给一些不当行为带来示范效应。

四、社会沟通

沟通就是尊重。将所要决策的事项对群众说清楚，让他们听明白，就是满足人民群众被尊重的需要。

---

① 《新闻1+1》垃圾焚烧立项：《要智商更要情商！》，央视网视频，2014年5月12日．http://tv.cntv.cn/video/C10586/1bdbf1d1a66347809d8050e61250ffdd。

当前关于社会沟通和舆情应对的研究存在着一个具有普遍性的问题，即过于关注突发事件、危机事件、负面事件，而缺乏对公共决策整个过程的系统研究，削弱了社会沟通服务于公共决策的主动性和前瞻性。

基于上述实地访谈研究的发现，我们提出以下几个方面的社会沟通建议。

（一）把群体性事件视为推动社会发展的必要成本

不少地方的政府官员在发生群体性事件后变得更沮丧，更畏惧与群众沟通，而不是辩证地看待问题，将冲突事件视作推动社会发展的必要成本。不过，也有例外。比如，我们曾对杭州余杭南峰村的一位村干部进行访谈，他认为："国家的发展不是发个文件就能到位的，要通过几代人的努力。我们不要把'5·10事件'看成是种灾难，而要好好把握这个成本，整个社会要提升、要发展、要更加民主、要更加法治，必须要有很多成本来推动的。""做好宣传，推动法治建设，同时提升老百姓的法治理念。""我们不仅要经济富，理念也要富呀！我们要做的不仅仅是把这个垃圾项目做好，而且要承载起一个责任，高标准建设垃圾焚烧项目，在全国范围内起到引导、示范作用。"

群体性事件的发生从某种意义上说明群众还是相信政府、相信组织的。事实也表明，每当人民群众认可的具有权威性的政府组织和党政官员出面沟通，每一次群体性事件都能够很快平息。这里的关键是，沟通的主体是具有权威性的、值得信赖的政府组织和党政官员。

在群体性事件发生后，重要的是汲取教训，把群体性事件作为推动社会发展的必要成本，更好地做好社会沟通，而不是"谈虎色变"，将相关话题视为敏感内容，否则反而会增加公众的误解和误传，放大公众的风险感知。

令人欣慰的是，杭州市汲取了"5·10事件"的经验教训，在事件发生后对群众的"健康隐忧"对症下药，先后组织了82批共4000多人次赴广州、南京、济南等地的垃圾处理厂进行考察。考察回来后，政府召开项目论证会，让村民代表提意见并据此整改。如今，该垃圾焚烧项目建设正在平稳推进，2017年4月初顺利实现了项目主体完工封顶。①

(二)慎用警力,切忌把群众推向对立面

从近年来各类不同性质、不同地区、不同领域的群体性冲突事件看,几乎都存在着一遇到问题就让警察打前阵、把群众推向地方政府对立面的状况。群体性事件多是人民内部矛盾,处置群体性事件必须贯彻慎用警力、依法处置、善待群众、疏导为主的方针,既要保护群众的正当利益诉求,又要维护好社会稳定,决不能动不动就把公安政法机关推到第一线。②

慎用警力,依法规范警察权力,这既是法治社会的基本要求,是对民众的保护,也是对公安机关与政府公信力的保护。动辄动用警方强制力,极有可能激化矛盾,把原本简单的民事纠纷,转化为民众与地方政府、公安机关的对立。事实上,一味迷信警力,试图"速战速决"解决民事纠纷,只能是压制矛盾而不是解决矛盾,不仅无助于危机的缓解,而且容易引爆民怨,导致危机升级。从舆论引导的角度看,作为一种说服过程,舆论引导的落脚点是公众,其手段是说服而不是压制,其理想的结果是被引导对象的"心服口服"而不是迫于外界压力的暂时服从。

当然,慎用警力不等于不用警力。在群体性事件演变成打砸抢刑事案件时,应果断出警,制止暴力犯罪,控制事态恶化。在滥用警力现象突出、警民关系紧张的当下,强调慎用警力对于危机应对具有特别重要的意义。

(三)摒弃"王婆卖瓜"式的风险沟通模式

任何一项政府决策,肯定有人支持,也有人不理解。做好基层沟通,取信于民至关重要。余杭南峰村的书记谈了自己的切身体会:

在农村要把事情做好,要实现你的想法,必须要公开透明。所以每个月我们都会开一个很大的工作例会,邀请党员、村民代表坐在边上列席。此外,村里每个月

①王慧敏、江南:《新时期群众工作新探索 杭州破题"邻避效应"》,人民日报,2017年3月24日. http://paper.people.com.cn/rmrb/html/2017-03/24/nw.D110000renmrb_20170324_2-01.htm.
②武警原司令员:《处置群体事件应慎用警力善待群众》,中国新闻网,2013年3月6日. http://www.chinanews.com/gn/2013/03-06/4620008.shtml.

出一份报纸发到每家每户,将例会上村干部的讲话、承诺,每个月布置的工作及其责任人,完成了百分之多少,累计的工作完成情况,当月的工作完成情况,全部告诉老百姓。

跟群众沟通并不是一件容易的事,要善于运用群众喜闻乐见的事例特别是浅显易懂的语言进行沟通。过去,各地政府为了说服当地民众接受垃圾焚烧项目,除了从道德角度强调公众配合"政府为民办事"的义务外,往往不厌其烦地强调技术上的成熟,并列举国外如何如何。然而,实践证明这种"王婆卖瓜"式的沟通模式效果适得其反,反而容易加深公众的疑虑,让公众认为政府又在"忽悠"自己。

美国心理学家霍夫兰等人(1953)在"二战"期间为陆军部所做的实验研究中曾提出单面说服与双面说服的概念。影响单面与双面说服效果的因素错综复杂,这些因素既包括说服对象的特征,也包括信息传递者的特征。此外,还跟信息本身的特征、受众的卷入程度等密不可分。信息接收者的初始态度也是影响单面或双面说服效果的一个重要因素。如果信息接收者的初始态度与传播者立场一致,那么采用单面说服效果好,可以引起认可和热烈反响。如果信息接收者原来的态度跟传播者的意见相左,采用双面宣传的方法则比较有利,这样可提高传播信息的客观性,有利于信息接收者参考比较,进而接受新的观点。

政府只说垃圾焚烧项目的"好",而群众在政府宣传之前,已有先入为主的印象——垃圾焚烧项目会给健康带来很大危害。因此,在风险沟通中,要有理有据地向公众表达,垃圾焚烧既没有大家想象的那么"妖魔化",也没有像政府原先所宣传的那样美好无瑕。政府所应做的就是把垃圾焚烧项目的利弊得失告知公众,并致力于通过提升科技含量和管理水平将危害降到最低,以减轻群众的不信任感,获得较好的说服效果。

对公众高度关注的公共政策和项目决策,既不能"闭口不谈"或"一笔带过",也不能"异口同声""一面倒""一刀切""一窝蜂"。对于主流媒体来说,每一次的"失声"或"异口同声",都会累积起来,最后导致其公信力的下降。对政府来说,每一次不是基于事实的"辟谣",都会增加公众的不信任,进而增加决策以及决策实施的难度。

(四)加强政府和企业的信息公开

政府和企业的公信力源于信息公开。

2008年5月12日,我国四川发生了里氏8.0级的大地震。仅地震后半年内,全国为5·12汶川地震灾区募集的款物就达762.14亿元,其中捐款652亿元,超过了1996年至2007年全国接收的救灾捐赠款物的总和。在652亿捐款中,公布使用明细的约占总额的23.16%,其余501亿元的详细去向至今未在公开资料中明确显示,甚至连捐款来源也无从查证。面对不知所终的巨额捐款,公众需要的不过是一张能够看得见、摸得着、对得上号的捐款去向明细表。只有知道钱去了它该去的地方,才能放心地伸出捐助之手。[1]如果具有垄断地位的募捐机构不能告知捐款者善款的流向,如果公众无法知晓自己的爱心是否产生了爱的效应,那么即便没有"郭美美事件",募捐机构的信任危机也必定会发生。近年来红十字会等机构募款额度的大幅锐减就是明证。由此可见,无论是地震捐款还是环境治理,如果相关部门给公众及时透明的反馈,不仅有助于公信力的提升,还可进一步激发公众的公益意识和参与热情。

从各地媒体发布的信息可知,几乎所有垃圾焚烧项目都声称工艺先进,能将污染控制在国家允许的范围内,但为何还是不能赢得公众的信任呢?通过访谈,我们了解到有三个原因:(1)设备和工艺尽管先进,但管理上的问题如何处置不得而知,如对于设备故障有何预案,如何杜绝偷排等;(2)企业或政府公布的数据是否准确?环境监测数据在不同的季节、不同的天气、不同的时段可能不一样,企业或政府公布的数据是24小时不间断的实时数据还是只是拿得出手的"好"数据?部分访谈对象告诉我们,有时候大家都反映臭气熏人,但举报后得到的反馈是排污指标正常,还有一基层干部告诉我们,有一天早上接到居民举报,等赶过去的时候气味

---

[1]张魁兴:《公开捐款去向明　细给爱心一个交代》,东方网,2016年5月13日. http://pinglun.eastday.com/p/20160513/u1ai9367590.html。

已经散掉,附近的各家企业又互相推诿不认账;(3)一般居民拿不到也不知道怎么获取数据,即便获得相关数据也可能看不懂,况且,季节、天气、气压、风向等因素都会影响环境数据,一天中的不同时段,监测数据也可能不同,有没有中立的第三方来确保数据的权威性和准确性?上述三个原因均可归结为信息公开问题,政府和企业要取得公众的信任,关键是针对公众的疑问及时公布信息,让公众理解项目的需求、规划、决策、建设和管理的完整信息。对于选址,要公布选址过程和其他备选地址的情况。

2016年,我们在海盐县西塘桥街道社区老年活动中心对4位六七十岁的老人做了访谈,询问他们在什么时候、通过何种方式得知这里要建垃圾焚烧厂时,他们大多声称没看到公示,其中有一位说看到网上公示但时间很短,对他们这些平时不上网的人来说等于没有公示。选址论证公示从4月12号就开始了,但许多人直到4月18号才得知,少数人甚至是发生冲突事件后才知道(但据开发区管委会的工作人员介绍,该选址公示在当地报纸刊登过,电视上也有滚动字幕播出,不存在偷偷摸摸的问题)。被访者希望实地公示,即在居民区张贴纸质的告示,在广播和电视上播放相关的内容,或召开村民座谈会,或进行一对一的入户沟通。这些访谈对象认为,如果政府早一些做好基层居民的沟通,就不会引发这么大的群体性事件。

政府和企业可充分利用主流媒体和新媒体发布等平台,针对不同受众的特点,进行个性化的信息发布。目前,县以上各级政府均已建立集报纸、广播、电视、官网、微博、微信等载体的信息发布网络,有助于对不同媒体使用偏好的受众进行全覆盖。各信息发布平台可根据各自受众的年龄、性别、受教育程度、收入水平、语言习惯、所属社会群体等特点,编制政策信息,提高信息传播的精准度。

图 4-1 垃圾焚烧厂的蒸气烟囱
（图片来源：未知）

垃圾焚烧项目面临的"污名化"传播环境，更加凸显信息公开的重要性。富春环保公司负责人告诉我们，由于社会对垃圾焚烧的偏见，许多人未经核实便将水蒸气描述为"滚滚白烟"。为了让社会更多地了解垃圾焚烧的知识和相关技术，该公司计划建设近距离参观厂区的设施与线路，并定时对公众开放，以加强与社会的正向沟通。

（五）及时让公众感受到环境的改善和政府整治环境的努力

在海盐经济开发区的实地访谈中，有少数居民认为这几年周边的环境污染在逐年得到好转。有基层干部反映，以前晚上去污水处理厂附近巡逻，闻到的气味很臭很臭，但现在臭味已经很弱了。吉安纸业的污染整治也取得了一定的成效，这跟政府的整治决心和企业持续的技改投入是分不开的。但怎样让公众感受到环境在改善、政府在努力呢？如果没有这方面的沟通，偶尔一次的臭气也会让公众否定所有改善环境的努力。据了解，尽管有部分居民在附近的污染企业工作，但由于企业没有建立开放居民参观的措施，也没有采取通俗易懂、图文并茂的方法解读各类环境监测数据的意义及其变化，普通居民很难感受到周边环境的逐渐改善，这也是居民对环境问题很敏感的原因之一。

我们在访谈中了解到，一些居民曾通过电话投诉等方式反映环境问题，但对处

理结果不满意,认为政府部门的回复大多是套话,对环境问题的改善没有起到应有的作用。如果群众认为正常的意见反映没有用,进而产生习得性无助,[①]那无疑会累积对政府的不满,增添群体性事件爆发的可能性。

来自开发区管委会的被访者认为,环境污染的整治成效是慢慢体现的,老百姓的不满一是政府部门的反馈可能不够及时,二是反馈的方式可能过于程式化。某一个居民的投诉可能反映了周边多数人的意见,因此相关部门在对投诉人进行回复的同时,宜通过不同传播方式让老百姓知晓已采取什么治理措施,大概什么时候会见成效,要通过具体数据和进度表让老百姓看到希望,感受到政府和企业的诚恳和努力。

人民群众日益关切环境、健康、生活质量等问题,他们迫切要求有一个安全舒适的环境。特别是PM2.5、雾霾这些概念深入人心后,人们对环境更加期待、更加敏感。然而,现有的很多困难属于历史遗留问题。在过去几十年过于追求经济增长速度的背景下,一些地方通过招商引资建起了不少污染较大的工厂。根据我们对海盐县开发区管委会计划投资部门的访谈获悉,这里临近乍湖港,交通便捷,企业相对集中。一些企业处在行政边界上,海盐县政府没有权力去管理。而且,这些工厂规模不小,不像搭积木玩游戏,说搬迁就能马上搬迁的。既然搬迁不太可能,那只能着眼于改善。开发区管委会一直致力于环境质量的提升,敦促企业加大环境整治力度,但环境的改善需要一个漫长的过程,不可能一蹴而就。比如,附近的吉安纸业计划花几千万去建一个封闭式的仓库(废纸露天堆放肯定会产生异味),污水处理厂也准备转移到海边去,这样离居民区稍微远一点。现在的关键是怎样

---

① "习得性无助":美国心理学家塞利格曼于1967年在研究动物时提出来的。研究者把狗关在笼子里,只要蜂音器一响,就给以难受的电击,狗因被关在笼子里,无法逃避电击。多次实验后,蜂音器一响,在给电击前,先把笼门打开,此时狗不但不逃而是不等电击出现就先倒在地开始呻吟和颤抖,本来可以主动地逃避,却变成绝望地等待痛苦的来临,这就是习得性无助。如果一个人将自己的失败归因于稳定、不可控的外部因素,比如社会制度、基层政府,就会产生习得性无助,在情感、认知和行为上表现出消极的心理状态,而不会通过努力尝试去改变现状。如果对自己的"习得性无助"与对社会的"习得性失望"相互叠加,极有可能产生破罐破摔的心态甚至找陌生人同归于尽的冲动。

让老百姓了解并感受到这些变化、这些努力。

心理学家曾做过这样一个实验：把学生分成甲乙两组，用两种不同的方式训练他们的口头表达能力。甲组有录音机录音，当演说完毕后，各人听自己的录音，藉以了解自己的发音、语调以及演说的内容是否中肯等等。乙组只有演说而无录音。结果发现，前者效果显著，后者收效甚微。这就是反馈效应。及时让公众了解政府或企业在整治环境中所做的工作以及所取得的成效，不仅有助于政府或企业找到差距，而且有助于公众感知到环境的改善，进而加强双方之间的互信和互谅。

（六）媒体报道不能局限于传播知识，还应关注受众的认知和情感

人们对垃圾焚烧态度不佳不仅仅是因为他们缺乏相关的知识。针对不同的历史时期、不同的社会背景、不同的媒介环境、不同的传播对象，科学知识发挥的作用是不一样的。比如转基因这样高度敏感的争议性话题，知识发挥的作用就相对有限，而情感和价值因素更主导人们的认知。

知识在多大程度上影响一个人的行为？有研究表明，关于环境保护的知识可以促使那些支持环境保护的人在行为中表达自己的观点（Kallgren & Wood，1986；Meinhold & Malkus，2005）。知识也可提高人们批判性地评估劝服信息的能力（Wood，Kallgren，& Preisler，1985；Ratneshwar & Chaiken，1991），并对劝服诉求形成有效的反制观点，从而对态度改变进行抵制（Wood，1982；Wood et al.，1995；Muthukrishnan，Pham，& Mungale，1999）。然而，知识的影响是有限的，或者说知识本身不足以改变人的判断和行为。比如，在美国抗击艾滋病的初期，公共健康官员曾设想，如果能给民众提供关于艾滋病的知识，他们就可能对自己的行为做出恰当的调整（Helweg-Larsen & Collins，1997）。随后美国开展了大规模的艾滋病教育运动，到20世纪90年代初，几乎所有的美国成年人都知道什么是艾滋病，它是如何传播的，以及应该采取哪些措施来避免（DiClemente, Forrest, Mickler, & Principal Site Investigators, 1990；Rogers, Singer，& Imperio, 1993）。但是就更广泛的目标而言，这一公共教育运动对公众的实际行为并没有产生可靠的影响（Mann，Tarantola, & Netter,

1992)。近年来,国内多个城市开展的垃圾分类活动也是如此,尽管通过各类宣传,公众对垃圾分类的意义和知识的了解都显著提高,但垃圾分类的行为仍极大地滞后于知识和态度。

贾鹤鹏在接受果壳网专访时曾引述三个实验来说明知识以外的其他因素对人的态度与行为的影响。①

实验1:让被试者分别阅读有关碳纳米管的正面信息和负面信息,一周后给被试者提供同时包含正面和负面信息的碳纳米管资料。结果表明,原先阅读过正面信息的被试者,往往认为有关碳纳米管的正面信息为有效内容,而不认可负面信息。而一周前阅读过碳纳米管有健康风险这一负面信息的被试者,往往认为负面信息是正确的(Druckman, J. N. & Bolsen, T., 2011)。

实验2:先让被试者阅读有关纳米技术风险与收益的均衡信息,然后将被试者分为两组,一组接触包含很多脏话的网络留言,另一组则接触没有脏话的正常留言。结果,前一组被试者感知到的纳米技术风险显著高于没有接触脏话的第二组被试者(Anderson,A.A.,Brossard,D.,Scheufele,D.A., Xenos, M.A.& Ladwig, P., 2014)。

实验3:让两组没有相关背景的学生阅读实质内容相同的一段有关纳米技术风险与收益的材料,一组被试者读的内容有很多专业名词,另一组没有。结果显示,阅读专业名词的那一组学生感知到的纳米风险性更高(Scharrer,L.,Britt,M.A., Stadtler, M.,Bromme, R.,2013)。

上述三个实验表明,人们认知结构中原有的知识经验、他人的评论以及沟通的方式均会影响人们的态度和行为。就实验1而言,人们所亲身感受的垃圾异味、通过媒介获得的国内其他垃圾焚烧项目的危害以及由此引发癌症等发病率的联想,这些"先入为主"的观感成了公众接受垃圾焚烧的巨大障碍。在海盐,有一位被访

---

① 贾鹤鹏:《公众与科学界,彼此误会好多年》,果壳网,2016年6月8日. http://www.guokr.com/article/441508。

村干部告诉我们,两三年前附近一家化工厂有过一次爆炸,迫使周边的人紧急撤离,尽管影响范围不大,但据在化工厂上班的村民描述,诸如泄漏之类的事故就像定时炸弹一样,一不小心就有可能发生比较大的灾害。

对于实验2,我们对"污名化"一词并不陌生,来自社交媒体铺天盖地的关于垃圾焚烧的"脏话"以及人际传播中对于垃圾焚烧的恐惧,放大了公众对垃圾焚烧的风险感知。我们在拟建垃圾焚烧项目时询问当地群众,"您是怎么知道垃圾焚烧项目有危害的?垃圾焚烧项目一定会有污染吗?",得到的回答除了从电视、手机等渠道获取信息外,还包括口口相传。国内其他地方有关垃圾焚烧的负面消息加剧了人们对项目的恐惧。

美国神经学家约瑟夫·勒杜(Joseph LeDoux)等研究者对恐惧的神经根源进行了深入的研究,他们发现,在较慢而有意识的理性与较快而潜意识的情感和本能之间复杂的相互作用中,大脑的基本架构决定了我们感觉在先、思考在后。在诸如群体性事件这样的突发应激状态,大脑的构造和运作方式决定了人们倾向于凭感觉而非思考行事,群情激昂的集群行为往往为非理性所包围。多项经验研究证明,情绪是影响风险感知的重要因素。如菲纽肯通过实验证明:多数人依赖情绪反应来进行"启发式(heuristic)"决策,因为这比理性分析更为省时省力(Finucane,M.L.et al.,2000)。

实验3的启示是,社会沟通要接地气,充满"文件语言"、专业术语、官话、套话的传播起不到沟通效果,反而让人觉得政府缺乏诚意、藏有猫腻。只有针对公众的疑问和诉求,如对"每天途经的大量垃圾运载车是否造成交通拥堵、垃圾散落、噪音污染""焚烧厂的建设所产生的烟尘、排放的二噁英等有害物质对周边的空气、水源、土壤以及对居民的身体健康会产生什么影响""政府和企业会通过什么样的措施来解决这些问题"等有针对性地进行解释说服,才能产生预期的沟通效果。

(七)善用第三方原则,创造客观、公正、不偏不倚的社会观感

对公众而言,中立的第三方主要是指跟决策者(政府)和项目管理者(企业)没

有利益关联的机构,包括国内外品牌媒体、权威学者、非政府组织、公益组织、意见领袖等。在当前公信力相对缺失的社会背景下,国际机构和人士的第三方作用往往大于国内机构。无论是社会沟通还是舆情应对,中立且具有权威的第三方是化解公众质疑和对抗的关键力量。

(八)充分利用居民对公共决策的参与热情和智慧

重新认识保密的范围和功能,确立开放性决策的理念。对于与公众利益密切相关的公共政策和项目决策,是不是应该保密,能不能保密,要有新的思维。如果不应该保密、不可能保密,却要试图保密,其结果不但无助于决策的顺利推进,反而有可能严重伤害党和政府的公信力。近年来所发生的所有群体性事件,其类型和导火索虽千差万别,但本质上都跟政府的公信力缺失相关。由于沟通程序随意,沟通过程缺乏透明度,一些利国利民的决策也常常被负面解读。

我们在西塘桥街道新海社区进行问卷调查的对象大约有4200人。主要提出以下问题:假如在你所在的社区随机抽取一两百人来开会,一起来讨论要不要建这个垃圾焚烧厂、建在哪(几个备选方案及其优势劣势分析)、怎么建,并就大家所提出的一些问题(比如二噁英对居民的身体健康会产生什么影响)请专家来解答,然后大家再进行讨论投票。最后问:会议要花两三天时间,而且没有报酬,你愿意参加吗?被访者大多回答愿意,但是在群体性事件发生以后,很多人存有顾虑。

综观近年来国内与垃圾焚烧、填埋有关的群体性事件,大多发生在经济最发达、环保标准最严格的地区。这些事件的发生,一方面反映出老百姓环境权利意识的觉醒,另一方面也折射出公众在如何理性表达民意,以及地方政府如何开展有效的社会沟通协商方面的诸多不足。公众反对垃圾焚烧,说明其环境维权意识在与日俱增。公众权利意识的觉醒,正好可以成为垃圾分类和减量化的强大社会推动力。如果在项目决策前,做足做实民意调查与分析,鼓励公众参与讨论,不但有助于达成垃圾处理的共识,而且有利于建立起政府和公众之间的信任。

浙江省温岭市泽国镇所进行的一系列民主协商实验,对于科学决策和社会沟通均具有重要的借鉴意义。该镇十多年来一直致力于民主恳谈的制度化、程序化、规范化，将民主恳谈作为公共政策制定和公共事务决策的必经程序。温岭市泽国镇民主协商的最大特点是参与者通过随机抽样产生，抽样过程全程公开且抽样方法类似于电视上的彩票中奖号码产生过程，易于民众理解和接受。随机抽样充分体现了民主协商的平等原则，由此产生的决策结果易为公众所接受，决策的权威性和政府的公信力也就有了坚实的群众基础。

通过访谈，我们确信，在建设垃圾焚烧项目时，采取协商式民意调查（Deliberative Polling，简称DP)①的方式是可行的，当然DP要程序合理、准备充分。特别重要的是，对于参与对象要通过群众能够理解的方式随机抽样，而不能指定村干部或党员来开会。对于项目的好处、缺陷要客观描述并针对项目缺陷提出可信可操作的解决方案。负责答疑的专家组和参与项目管理的官员不提供意见，只具体解答与会者的提问。基于充分讨论并经多数人认可的决策，不但合理性增加了，执行的成本和阻力也会大大下降，而且有助于大大减轻基层工作的难度及基层干部的压力。事实已经反复证明，"半夜鸡叫"式的决策、偷偷摸摸地开工，都会遭到强烈的反对甚至抗议。

事实上，公众对于自己参与的决策，对项目风险的感知更为理性，也更容易承受决策风险。认知心理学家研究发现，相比自愿承担风险，当一个人被强加某种风险时，同样的风险在感觉上更加可怕。对公众参与决策和管理心存恐惧，就难以对公众的质疑进行有针对性的解释说服，居民的担忧就可能随着舆论影响力的递增而递增。

---

①公众对于重要的公共议题通常缺乏全面了解。传统的民意调查只能获得公众对于议题表层的、未经过深思熟虑的意见。社会科学家称这样的公众是理性地忽略与议题相关的信息，因为对公众来说，花费大量时间和精力获取信息以形成经过深思熟虑的意见，成本太高。协商式民意调查是一种创新的公众咨询方法。通过让公众对特定议题的审慎思考、小组协商及大组专家答问的过程，并贯彻科学抽样的方法，对被抽中的参与者在协商前后进行民调。协商式民意调查方法是由美国斯坦福大学James S. Fishkin 教授于1988年创立。它是有别于传统民调的一种具有建设意义的尝试。它引入民主商议这一环节，参与者在获得平衡全面的信息的基础上讨论议题，从而形成经过深思熟虑的民意。整个咨询过程，采用公开、透明及科学的方法。

因此,在处理与群众利益关系密切的重大项目时,一定要制定科学的、具有操作性的、浅显易懂的沟通预案(而不仅仅是危机预案),认真调查研究公众的关切点和利益诉求,并据此展开沟通,通过让公众参与决策和管理、提供就业或补偿等方式促进公众风险认知的理性化。

附录1 关于垃圾分类实施状况的调查问卷

访谈时间：　　　　年　　　月　　　日　　　时　　　星期
访谈地点：　　　　市　　　　　区　　　　　小区或其它场所
调查小组成员：_____

尊敬的住户：

我们是浙江传媒学院垃圾分类实施状况课题组成员，本课题旨在准确了解本市垃圾分类实施状况并分析存在的问题，为下一步改进垃圾分类、打造美好居住环境提出对策和建议。请根据您了解的情况如实填写，我们保证对所有个人信息进行保密。

您的配合对我们很重要，感谢您参与本次调查！

本调查问卷共有25题，其中23—25题为开放式问题，其他题除特别说明均为单选题。

1.据您了解，您所在的城市实行垃圾分类吗？

A.是　　　　　B.否　　　　　C.不清楚

2.您所在的小区符合下列哪种情况？

A.商业楼盘　　B.房改房　　　　C.单位宿舍

D.城中村、城乡接合部等　　E.农村

3.您符合下列哪种居住情况？

A.业主　　　　B.租客

4.据您了解，您所在的小区实行垃圾分类吗？

A.是　　　　　B.否　　　　　C.不清楚

5.如果您所在的小区已经实行垃圾分类,您对此感到满意吗?

A.很满意　　　　B.比较满意　　　　C.一般　　　　D.不太满意　　　　E.很不满意

6.您平时在家里会对垃圾进行分类吗?

A.是　　　　B.否　　　　C.偶尔

7.如果您在家里实行垃圾分类,那您是怎么分类的?

A.厨余垃圾、可回收垃圾、有毒垃圾、其他垃圾　　　　B.干垃圾、湿垃圾

C.可回收垃圾和不可回收垃圾　　　　D.厨房垃圾和非厨房垃圾

E.可燃烧垃圾和不可燃烧垃圾　　　　F.其他(请具体说明)

8.如果您在家里没有进行垃圾分类,那是什么原因?(可多选)

A.太麻烦　　　　B.垃圾桶标志不够清楚,易搞错

C.运输中的混装　　　　D.后期处理不配套

E.周围人都没有这样做　　　　F.担心政府实施这项政策的决心有变而导致半途而废

G.其他(请具体说明)

9.据您了解,进入您小区的垃圾清运车会对不同垃圾进行混装吗?

A.会　　　　B.不会　　　　C.不清楚

10.您亲眼看见过垃圾清运车将垃圾混装吗?

A. 是　　　　B.否

11.您认为当前实施垃圾分类的困难有哪些?(可多选)

A.居民环保意识淡薄　　　　B.设施不够完善

C.垃圾分类太复杂　　　　D.宣传力度不够

E.职能部门管理存在问题　　　　F.其他(请具体说明)

12.您平时会跟社区/物业/政府部门主动交流垃圾分类事宜吗?

A.会　　　　B.不会

13.您认为按哪种方式进行生活垃圾分类比较好?

A.厨余垃圾、可回收垃圾、有毒垃圾、其他垃圾　　　　B.干垃圾、湿垃圾

C.可回收垃圾和不可回收垃圾　　　　D.厨房垃圾和非厨房垃圾

E.可燃烧垃圾和不可燃烧垃圾　　　　F.其他(请具体说明)

14.在您外出旅游的时候,经常看见旅游景点内有人随地扔垃圾吗?

A.经常   B.偶尔   C.不清楚

15.在公园、广场等公共场合,如果没有找到垃圾桶,您一般会怎样处理手头的垃圾呢?

A.随地乱丢   B.丢到有垃圾的地方

C.随身携带,直到找到垃圾桶   D.其他(请具体说明)

16.您赞成对乱丢垃圾的行为进行重罚吗?

A.赞成   B.没想法   C.不赞成

17.您是通过什么途径了解垃圾分类这件事的?

A.学校教育   B.报纸广播电视

C.互联网   D.社区宣传   E.其他(请注明)

18.您的性别?

A.男   B.女

19.您的年龄?

A.18周岁以下   B.18-35周岁   C.35-60周岁   D.60周岁以上

20.教育程度?

A.小学及以下   B.中学   C.大学本专科   D.硕士研究生及以上

21.您的职业?

A.机关干部   B.事业单位职员 C.企业员工   D.自由职业者

E.在校学生   F.无业   G.退休在家   H.其他(请注明)

22.您每月的大致收入?

A.2000元以下   B.2000—4500元

C.4500—6000元   D.6000—8000元

E.8000元以上

23.您认为政府需要投入大量人力物力来实行垃圾分类吗?请说明理由。

24.您觉得通过什么途径让大家熟悉垃圾分类的具体做法比较好?

25.您对实施垃圾分类有什么具体意见或建议?

附录2 关于垃圾焚烧项目与事件的访谈提纲

访谈时间: 　　年　　月　　日　　时　　星期

访谈地点: 　　市　　区　　小区或其它场所

访谈小组成员:＿＿＿＿＿＿＿＿＿＿＿＿＿＿＿＿＿＿

一、访谈对象:项目所在地周边村民、村干部

(一)媒介接触情况

1.每天看电视、上网、看报、听广播所花时间。

2.是否经常使用QQ、微博、微信等。

(二)项目认知

1.通过什么渠道了解项目信息? 会主动搜索相关信息吗? 通过什么平台讨论这一话题?

2.小区周边1公里范围内有污染吗? 如果有,是什么类型的污染? 严重程度如何(0—10分)? 近几年有改善吗?

3.曾经通过哪些渠道反映过环境污染问题?

4.是否听说过其他地方的垃圾焚烧项目?

5.您认为垃圾焚烧项目有风险吗? 什么样的风险? 这些风险可以通过技术手段或科学管理避免吗?

6.有人说垃圾焚烧会产生致癌成分,您觉得有道理吗? 您有证据吗?

7.您觉得垃圾焚烧项目有没有必要?

8.如果建在您家附近可能会有什么好处?

9.如果垃圾焚烧项目势在必行,您认为建在哪里比较好?怎么做您才能放心?

10.如果给您经济补偿,您会接受吗?每月给多少补偿或一次性给多少补偿才能让您接受?

(三)风险沟通

1.当地政府部门或项目管理方事先跟你们告知过这里要建垃圾焚烧厂吗?以什么方式告知?几次?如果告知过,您对他们的告知方式满意吗?如果不满意,是哪些方面不满意?

2.当地政府部门在计划建厂前征询过附近居民的意见建议吗?

3.您查询过垃圾焚烧项目的相关资料吗?

4.您怎么看国外垃圾焚烧项目的建设和管理?您认为中国也能这样做吗?如果不能,您的顾虑主要是哪些方面?

5.假如您家附近已建垃圾焚烧项目,您希望政府隔多久发布附近环境监测信息?您觉得采取怎样的措施,才能让您感到安心与满意?

6.您相信政府的承诺吗(0—10分)?为什么?

7.一个项目有没有环境风险应该由随说了算?

8.如果政府已经决定要在您家附近建一个垃圾焚烧厂,您会怎么办?如果有人组织抗议等活动,您会选择参与吗?

9.为什么会发生群体性事件?自己是怎么被说服与动员的?为什么不寻求其他沟通方式而选择聚众抗议?

10.若请您参加此项目的讨论会,时间为1—2天,没有报酬,您会参加吗?若参加,会积极准备吗?

(注:记录被访者的性别、年龄、受教育程度、职业、家庭人口、家庭年收入等,尽可能请被访者提供电话、QQ、微信等联系方式,以便补充访谈。)

二、访谈对象：乡镇干部、垃圾焚烧项目负责人或管理人员等

(一)对项目

1.您何时、何种场合(形式)知道此项目？

2.您对此项目有什么看法？为什么？

3.您认为此项目最后结果会怎样？

4.您知道此项目在其他地区(国内外)的情况吗？

(二)对事件

1.您何时、何种场合(形式)知晓这次抗议事件？

2.您对此事件有什么看法？认为是好事还是坏事,为什么？

3.您认为此事件发展的结果会怎样？会对项目产生怎样的影响？

(三)对人和社会的影响和反思

1.人们应如何对待此项目和事件？

2.政府如何对待此项目和事件？

3.相关企业如何对待此项目和事件？

(注:记录被访者的性别、年龄、受教育程度、职业等情况,尽可能请被访者提供电话、QQ、微信等联系方式,以便补充访谈。)

参考文献

[1] 边玉芳,董奇,等.教育心理学(心理学经典实验书系)[M].杭州:浙江教育出版社,2009.

[2] 陈玉婵.论我国对可回收垃圾物的分类收集与循环利用的完善[D].暨南大学硕士学位论文,2009:28-29.

[3] 戴慧婷.企业社会责任报告印象管理的效果研究[D].暨南大学硕士学位论文,2014:17-43.

[4] 方建移.构建重大项目决策的舆情分析和舆情应对机制研究[J].传媒评论,2014(12):46-48.

[5] 方建移.基于心理学视角的电视舆论引导研究[J].浙江传媒学院学报,2013(4):101-105.

[6] 方建移.新闻学视野的民意调查与舆论引导研究[J].重庆社会科学,2012(7):64-68.

[7] 方建移.我国民族传播政策的传播学思考[J].浙江传媒学院学报,2012(4):10-12.

[8] 方建移.民意研究:理论、方法与应用[M].北京:中国社会科学出版社,2015.

[9] 方建移.传播心理学[M].杭州:浙江教育出版社,2016.

[10] 广州市市容环境卫生局.城市生活垃圾分类及其评价标准[M].北京:中国建筑工业出版社,2004.

[11] 郭庆光.传播学教程(第二版)[M].北京:中国人民大学出版社,2011.

[12] 郭小平.西方媒体对中国的环境形象建构——以《纽约时报》"气候变化"风险报道(2000-2009)为例[J].新闻与传播研究,2010(4):18-31.

[13] 郭燕梅.相对剥夺感预测集群行为倾向:社会焦虑的调节作用[D].山东师范大学硕士学位论文,2013:18-23.

[14] 贺建平.恐惧诉求在公益广告中的传播效果[J].贵州师范大学学报(社会科学版),2004(2):28-32.

[15] 杭州市决策咨询委员会办公室.决策参考(专报).2015年7月.

[16] 黄宝成,等.杭州市生活垃圾分类收集实施情况调查与分析[J].环境污染与防治,2011(7):102.

[17] 黄铃媚.恐惧诉求与健康宣导活动:宣导讯息内容设计之研究[J].新闻学研究,1999(61):23.

[18] 江国梅.从信息公开角度论网络媒体的公共性[J].新闻世界,2010(3):76-77.

[19] 李磊,席恒.英美志愿服务立法的经验及启示[J].郑州大学学报(哲学社会科学版),2017(2):51.

[20] 乐国安,薛婷,陈浩.网络集群行为的定义和分类框架初探[J].中国人民公安大学学报(社会科

学版)，2010(6)：99-104.

[21]雷翠萍.核与辐射认知和风险沟通研究[D].中国疾病预防控制中心博士学位论文，2011:32，34，35.

[22]梁宁建.当代认知心理学(修订版)[M].上海：上海教育出版社，2014.

[23]林升栋，张垠洁.嵌入媒体语境和一面/两面信息对广告说服效果的影响[J].新闻与传播研究，2011(1)：103-108.

[24]林婷.艾滋病公益海报的诉求策略研究[D].浙江大学硕士学位论文，2010：16-27.

[25]刘海龙.大众传播理论：范式与流派[M].北京：中国人民大学出版社，2008.

[26]卢宪英.社会比较理论视角下的农村攀比现象考察——以山东省3市10村为例[J].中国农村观察，2014(3)：65-72.

[27]罗丽芳.内部动机与外部动机的关系及其对学校教育的启示[J].宁波大学学报(教育科学版)，2013(1)：42-46.

[28]马谋超.广告心理——广告人对消费心理的把握[M].北京：中国物价出版社，2003.

[29]邱红峰.环境风险的社会放大与政府传播：再认识厦门PX事件[J].新闻与传播研究，2013(8).

[30]沙莲香.社会心理学(第三版)[M].北京：中国人民大学出版社，2011.

[31]沈苏莉.从碎片化到协同：农村垃圾的治理[J].特区经济，2014(5).

[32]宋国强，徐剑.数据可视化在电视新闻中的运用[J].视听界，2013(6)：84-86.

[33]谭爽，胡象明.特殊重大工程项目的风险社会放大效应及启示——以日本福岛核泄漏事故为例[J].北京航空航天大学学报(社会科学版)，2012(2)：23-27.

[34]王赐江.群体性事件类型化及发展趋向[Z].长江论坛，2010(4):47-53.

[35]项一嵚，张涛甫.试论大众媒介的风险感知——以宁波PX事件的媒介风险感知为例[J].新闻大学，2013(4):17-22.

[36]肖亮.基于ELM模型的个人捐赠意愿影响因素研究[D].华中科技大学硕士学位论文，2011：18-36.

[39]谢晓非，郑蕊.风险沟通与公共理性[J].心理科学进展，2003(4):375-381.

[38]谢应宽.B.F.斯金纳强化理论探析[J].贵州师范大学学报(自然科学版)，2003(1)：110-114.

[39]薛婷.中国人参与集体行为的社会心理规律[D].南开大学博士学位论文，2012：18.

[40]闫岩.双重编码理论及其传播学应用[J].国际新闻界，2013(10)：42-51.

[41]杨思敏.教育游戏与商业游戏内在动机差异的对比研究[J].中国教育技术装备，2012(9)：35-37.

[42]姚荣华.框架建构下美媒对中国雾霾的报道研究——以美国纸媒对中国雾霾报道为例[J].新闻研究导刊，2014(6)：224-225.

［43］于晓勇，夏立江，陈仪，王浩民.北方典型农村生活垃圾分类模式初探——以曲周县王庄村为例[J].农业环境科学学报，2010(8)：1582-1589.

［44］张步中，张振宇.亚运期间广州电视媒体舆论引导策略研究[J].南方电视学刊，2011(2)：64-67.

［45］张书维，王二平，周洁，跨情境下集群行为的动因机制[J].心理学报，2012(4):524-545.

［46］周晓虹.集群行为：理性与非理性之辩[J].社会科学研究，1994(5):53-56.

［47］[美]Roger R. Hock.改变心理学的40项研究——探索心理学研究的历史[M].白学军等译.北京：中国轻工业出版社，2004.

［48］Anderson, A. A., Brossard, D., Scheufele, D. A., Xenos, M. A. & Ladwig, P., "The 'nasty effect': Online incivility and risk perceptions of emerging technologies," *Journal of Computer Mediated Communication*, Vol.19, No.3, 2014, pp.373-387.

［49］Charity Commission. Reporting the Activities and Achievements of Charities in Trustees' Annual Reports. *Charity Commission*, 2002.

［50］Cialdini,R.B., Borden, R.J., Thorne,A., Walker, M.R., Freeman,S., & Sloan,L.R.(1976). Basking in reflected glory:three(football)field studies. *Journal of Personality and Social Psychology*,34,366-375.

［51］Dabbs, J.M. & Leventhal, H.(1966). Effects of varying the recommendations in a fear-arousing communication. *Journal of Personality and Social Psychology*,4,525-531.

［52］DiClemente,R.J., Forrest,K.A., Mickler,S., & Principal Site Investigators.(1990).College students' knowledge about AIDS and changes in HIV-preventative behavious.*AIDS Education and Prevention*,2,201-212.

［53］Druckman, J. N. & Bolsen, T., "Framing, motivated reasoning, and opinions about emergent technologies," *Journal of Communication*, Vol.61, No.4, 2011, pp.659-688.

［54］Eisend,M.(2006).Two-sided advertising:A meta-analysis. *International Journal of Research in Marketing*,23,187-198.

［55］Eisend,M.(2007).Understanding two-sided persuasion:An empirical assessment of theoretical approaches. *Pshchology and Marketing*,24(7),815-640.

［56］Festinger, L. & Carlsmith, J.(1959). Cognitive consequences of forced compliance. *Journal of Abnormal and Social Psychology*,58,203-210.

［57］Finucane, M .L. et al. The affect heuristic in judgments of risks and benefits [J]. *Journal of Behavioral Decision Making*, 2000, 13:1-17.

［58］Freedman, J.C., et al(1985). *Social Psychology*(5th ed). NJ:Prentice-Hall Englewood Cliffs,183.

［59］Freimuth, S.V.,Hammond, S.L.,Edgar,T.,& Monahan.L.J.(1990).Reaching those at risk:A content-analytic study of AIDS PSAs. *Communication Research*[A],17(6):775-791.

［60］Helweg-Larsen,M., & Collins,B.E.(1997).A social psychological perspective on the role of knowledge

about AIDS prevention.*Current Directions in psychological Science*,6,23-26.

［61］Janis,I.L. , Feshbach , S.(1953). Effects of fear-arousing communication. *Journal of Abnormal and Social Psychology*,48,78-92 .

［62］Kallgren,C.A., & Wood,W.(1986).Access to attitude-relevant information in memory as a determination of attitude-behavior consistency.*Journal of Experiment Social Psychology*,22,328-338.

［63］Kamins,M.A.,Brand,M.J.,Hocke,S.A.,& Moe,J.C.(1989b).Two-sided versus one-sided Celebrity endorsements: the impact on advertising effectiveness and credibility. *Journal of Advertising Reaearch*,18(2),4-10.

［64］Klandermans, B. (1984). Mobilization and participation:Social-psychological expansions of resource mobilization theory. *American Sociological Review*, 49, 583—600.

［65］Mann,J.M.,Tarantola,D.J.M.,& Netter,T.W.(1992).*AIDS in the world*. Cambridge,MA:Harvard University Press.

［66］Meinhold,J.L., & Malkus,A.J.(2005).Adolescent environmental behaviours:Can knowledge ,attitudes,and self-efficacy make a diffence *Environment and Behavior*,37,511-532.

［67］Muthukrishnan,A.V.,Pham,M.T., & Mungale,A.(1999).Comparison opportunity and judgment revision.*Organizational Behavior and Human Decision Processes*,80,228-251.

［68］Ratneshwar,S., & Chaiken,S.(1991).Comprehension's role in persuasion: The case of its moderating effect on the persuasive impact of source cues.*Journal of Consumer Research*,18,52-62.

［69］Rogers , R.W. & Mewborn , C.R.(1976). Fear appeals and attitude change:Effects of a threat's noxiousness,probability of occurrence,and the efficacy of coping responses. *Journal of Personality and Social Psychology*, 41,54-61 .

［70］Rogers,T.F., Singer,E.,& Imperio,J.(1993).AIDS - An update.Public *Opinion Quarterly*,57,92-114.

［71］Scharrer, L., Britt, M. A., Stadtler, M., Bromme, R. (2013). Easy to understand but difficult to decide: Information comprehensibility and controversiality affect laypeople's science-based decisions.*Discourse Processes*, 50(6), 361-387.

［72］Simon, B., Loewy, M., Stüermer, S., Weber, U., Freytag, P., Habig, C., et al. (1998). Collective identification and social movement participation. *Journal of Personality and Social Psychology*, 74(3), 646-658.

［73］Smelser, N. J. (1963). *Theory of collective behavior*. New York: Free Press.

［74］Stürmer, S., & Simon, B. (2004a). The role of collective identification in social movement participation: A panel study in the context of the German gay movement. *Personality and Social Psychology Bulletin*, 30, 263-277.

［75］Stürmer, S., & Simon, B. (2004b). Collective action: Towards a dual-pathway model. In W. Stroebe & M. Hewstone (Eds.), *European Review of Social Psychology* (Vol. 15, pp.59-99). Hove, UK: Psychology Press.

[76] Toffoli,R.(1997).*The Moderating Effect of Culture on Cognitive Responding Mechanisms toward Advertising Message Sidedness*, Unpublished doctorial dissertation,Concordia University.

[77] Traugott，W.(eds.).*The SAGE Handbook of Public Opinion Research*.London:SAGE Publications Ltd.2008.p.178

[78] Turner, R. H., & Killian, L. M. (Eds.). (1987). *Collective behavior* (3rd ed.). Englewood Cliffs, NJ: Prentice Hall.

[79] Wood,W.(1982).Retrieval of attitude−relevant information from memory :Effects on susceptibility to persuasion and on intrinsic motivation.*Journal of Personality &Social Psychology* ,21,73−85.

[80] Wood,W.,Kallgren,C.A.,& Preisler,R.M.(1985).Access to attitude−relevant information in memory as a determinant of persuasion :The role of message features.*Journal of Experimental Social Psychology*,21,73−85.

后　记

我渴望有一个干净整洁的居住环境。

每次走过垃圾满地的街道，每次见到人们将车上的垃圾毫无顾忌地倾倒在停车场，每次听闻某清洁工在马路中央清扫垃圾时被撞飞……我都会感到揪心。

每到一个地方，无论城市还是农村，我都会留意当地的垃圾分类与垃圾治理状况。在桐庐荻浦村，看到干净整洁、花丛环绕的景色，我就想，要是全国各地的村庄都这么美丽，该多好啊；去台湾地区旅游，我不但留意街上的垃圾桶设置情况，而且不厌其烦地询问地铁、高铁上的邻座乘客，询问搭乘的每一位出租车司机，询问入驻的民宿老板并走进厨房观察他们的垃圾分类。我在台湾地区的地铁上看到邻座的女士将喝完的牛奶盒用随身携带的塑料袋包好放入漂亮的手提包，在民宿门口看到附近的居民听到伴随音乐声而至的垃圾车迅速递上分类的生活垃圾，这种感觉真好。我常常思考：我们身边的垃圾分类为什么进展甚微？台湾地区的垃圾分类有哪些做法可以借鉴？又有哪些无法照搬？

我和我的团队很早就开始研究垃圾分类与垃圾治理。2010年，在杭州新的垃圾分类政策实施半年后，我们就曾撰写《行动离态度有多远——杭州市"垃圾分类"舆情监测报告》。该报告基于全网搜索的2003年至2010年12月有关杭州垃圾分类的网络舆情信息，对舆论关注热度、走势、态度等进行了比较系统的分析，并针对我国城市化、家庭结构、生活方式等方面的特殊性，着重从政策传播与态度改变的角度，对如何调整优化现有垃圾分类标准、如何进一步提高政策传播效果、如何提升市民垃圾分类的行动力等提出了具体的建议。

此后,本研究团队从公共决策、风险感知与社会沟通等视角对垃圾分类与垃圾治理进行了持续的关注。2012年浙江省提升地方高校办学水平专项资金资助项目"公共决策与舆情研究实践基地"被批准立项,在回答项目论证会上相关专家"项目名称为什么要加'公共决策'四个字"这一问题时,我曾谈到当前舆情研究存在的问题,即"过于关注突发事件、危机事件、负面事件,停留于对事件本身的应对",而没有将重心放在公共政策、公共决策的民意收集与分析上,影响了公共决策的科学性和前瞻性,影响了舆情管理的主动性和建设性。本研究团队于2014年完成了杭州市决策咨询委的招标课题"重大政策、重大项目决策的社会沟通和舆情应对机制研究"。2016年立项的浙江省高校重大人文社科项目攻关计划规划重点项目"环境污染群体性事件中的公众风险感知与社会沟通机制研究"也已基本完成。在课题实施过程中,我们不但对杭州等城市的垃圾分类情况进行了实地调查,对城郊、农村的垃圾分类与垃圾治理情况也进行了专门的走访和调研。此外,我们对因拟建垃圾焚烧厂而引发大规模群体性事件的杭州余杭、嘉兴海盐等地的干部群众做了多种形式的访问调查,同时实地参观了位于杭州市富阳区的垃圾焚烧厂,在此基础上提出我们对垃圾分类与垃圾治理的意见和建议。

干净整洁的居住环境不能仅靠清洁工去打造,尽管保洁人员的辛勤劳动已经成为建设美丽城乡必不可少的一部分;也不是仅靠居民的公德、自律能实现的,尽管公德与自律不可或缺。垃圾分类与垃圾治理,作为一项涉及每家每户、每一个人的公共政策,其本身的科学性、可操作性以及相关政策的配合协同,才是实现"资源化、减量化、无害化"目标的关键,才是建设美丽城乡的根本。

在本课题的研究过程中,我的同事葛进平研究员、崔波教授、徐迎春副教授、王润博士,厦门大学新闻传播学院邱红峰教授,我的学生王思超、黄珉媛、王雅洁、赵一鼎、吕红涛、姚兰、项竹彦、张丁子、李宁、缪琪、陈梦瑶、辛云静、陈慕华、董泽琪、禹最捧、袁靖雯、曹铭清、何莉、姜东彬等参与了相关的实地调查,杭州市决咨办俞

春江先生提供了部分调查报告和宝贵建议,在此谨表谢意!在本书写作过程中,我们参阅了大量相关研究文献、研究报告和媒体报道,在此一并对作者表示感谢!

　　由于本人水平有限,书中的错误、纰漏和不当之处在所难免,敬请各位读者批评指正。我唯一的愿望,是让更多的人参与到垃圾分类和垃圾治理中来,让我们所居住的城市和乡村更加干净整洁、更加美丽舒适。

方建移

2017年7月